# 产品几何技术规范手册

## （ISO-GPS 标准）

［法］弗雷德里克·沙彭蒂耶（Frédéric Charpentier） 编
乔立红 郄一帆 译

机 械 工 业 出 版 社

本手册采用产品几何技术规范ISO国际标准，以图文并茂的方式帮助读者理解和掌握规范，是产品设计、生产和测量中必备的几何公差工具书。本手册涵盖国际产品几何技术规范中的十九项标准，按照简明、实用的原则，通过6个部分讲解规范中的要点：第1部分概述ISO-GPS中的关键概念；第2～5部分为基础知识，包括几何规范、基准、公差带标注和测量规范；第6部分为计量学相关内容。各部分逻辑清晰，介绍了几何公差相关术语、原理、代号及标注等重要内容。

本手册详略适中、实用性强、直观形象且便携便查，可供机械工程技术人员、技术工人及各级技术管理人员和检测人员使用，也可作为工科院校机械类专业师生学习掌握产品几何技术规范的参考书。

Mémento de spécification géométrique des produits: les normes ISO-GPS, Frédéric Charpentier, © Réseau Canopé, 2015.

北京市版权局著作权合同登记 图字：01-2016-5856号。

**图书在版编目（CIP）数据**

产品几何技术规范手册：ISO-GPS标准/（法）弗雷德里克·沙彭蒂耶编；乔立红，郄一帆译．—北京：机械工业出版社，2018.2

书名原文：Handbook for the geometrical specification of products

ISBN 978-7-111-59458-1

Ⅰ.①产…　Ⅱ.①弗…　②乔…　③郄…　Ⅲ.①工业产品-几何量-技术规范-技术手册　Ⅳ.①TG8-65

中国版本图书馆CIP数据核字（2018）第054496号

机械工业出版社（北京市百万庄大街22号　邮政编码100037）
策划编辑：王晓洁　责任编辑：王晓洁
责任校对：刘秀芝　封面设计：路恩中
责任印制：孙　炜
保定市中画美凯印刷有限公司印刷
2018年6月第1版第1次印刷
148mm×210mm・5印张・146千字
0001—4000册
标准书号：ISBN 978-7-111-59458-1
定价：45.00元

凡购本书，如有缺页、倒页、脱页，由本社发行部调换

| 电话服务 | 网络服务 |
|---|---|
| 服务咨询热线：010-88361066 | 机 工 官 网：www.cmpbook.com |
| 读者购书热线：010-68326294 | 机 工 官 博：weibo.com/cmp1952 |
| 读者购书热线：010-88379203 | 金 书 网：www.golden-book.com |
| **封面无防伪标均为盗版** | 教育服务网：www.cmpedu.com |

# 译者序

产品几何技术规范的运用是现代机械制造业的一项基础内容。它直接影响从设计、制造到质量保证、使用服务的产品全生命周期的每一个环节。随着测量技术、设计技术和制造技术的不断发展，机械产品自身的要求不断提高，已有的产品几何技术规范也在不断地发展和更新。新标准的贯彻实施，是提升制造业水平的一个重要方面，也是我国在2016年底正式发布的《智能制造发展规划（2016—2020年）》中的一项重要任务。

ISO 1101—2016是目前发布的产品几何技术规范（GPS）最新标准。我国现行的GB/T 1182—2008主要参考的还是ISO 1101—2004。为增强我国制造业在国际上的竞争力，有必要推广普及产品几何技术规范的新标准。

在ISO 1101—2016颁布后，为帮助工程技术人员尽快学习和理解新标准的内容，本手册原作者编撰了本手册。本手册根据几何技术规范的特点，使用图示及多种标注比较的方式，简洁直观地讲解了新标准中关键概念的内在含义及容易产生错误的各项细则，是广大工程技术人员学习和掌握新几何技术规范的辅助手册。本手册已出版、发行多个语言版本，对在世界范围内推广与普及相关标准具有十分重要的意义。我们在与本手册作者的合作过程中，向其介绍了我国推广使用新标准的情况，也因此促成了本手册中文版在我国的出版。

译者在翻译本手册的例图时，综合考虑国家标准的表达，一方面为初次学习公差标准的人员提供认识、了解公差表达的契机，另一方面也为熟悉ISO/GB标准的设计人员提供进一步理解、掌握各项要求的深刻含义的途径。与此同时，译者对手册原文中的极少数笔误和疏漏之处进行了修正，并根据我国国家标准中的标准词汇进行描述和解释，力求中文版与法文原版和英文翻译版本一样体现出内容的实用性和易读性，使读者理解、受益。本书部分尺寸注法、公差表达依照英文原书，可能与我国标准不一致。

本手册的出版是多方面合作的结果。在此我们要感谢法国巴黎-萨克雷高等师范学校Nabil Anwer教授为我们协调本手册中文版发行事宜，感谢机械工业出版社的各位编辑对本手册的出版所做的各项工作。

译者水平有限，其中的错误和不妥之处在所难免，恳请各位专家同行批评指正，共同进步。

乔立红　郄一帆

北京航空航天大学机械工程及自动化学院

# 致谢

本手册是在雷诺（Renault）公司进行 ISO-GPS（产品几何技术规范）标准的培训方案[1] 的基础之上进行大幅修改后出版的。

最初 ISO-GPS（产品几何技术规范）标准培训直接使用标准作为教材。虽然此方法在培训之初效果明显，但是当学习人员不断遇到与原始标准重复以及矛盾的问题时，此方法也逐渐显露出其局限性。

新的 ISO-GPS 标准培训方案是一套新的系统。在此系统中，学习的出发点是产品或工艺设计人员的各类需求，每个需求又与满足需求所需的标准相对应。最初确定的八九个标准已经扩展为二十多个，其中的一些已经获得批准，另一些正处于终稿阶段，最终目标是创建一套将知识与技能串联起来的体系[2]。将标准重新分成不同的等级，并为设计人员研究、使用和认知规范提供了一种易于理解的方式，这不仅局限于构建知识技能以及理解所使用的规范语言这两方面，而且需要在多方面进行相应修改。因此，所有的草案标准都急需获得批准。选择整合草案阶段的标准可以更早获得反馈信息，并且及时积累与产品开发相关的重要知识和经验。

我十分感谢在编写这本手册时提供宝贵支持的各位朋友。他们专业的视野、批判性的校对、珍贵的建议都是无价的财富：

——Michel Comte，ISO 体系、IYIC 方向概念化及工业化（SNECMA）专家，UNM 委员会 08、AFNOR（法国）-ISO（国际）专家协会技术委员会 213（ISO-GPS）以及 UNM 委员会 08（规范）主席；

——Brigitte Lorrière，SNECMA 计量实验室标准化顾问，UNM 委员会 08 以及 AFNOR（法国）-ISO（国际）专家协会技术委员会 213（ISO-GPS）和 UNM 委员会 09（检验）专家；

——Catherine Lubineau, 法国标准化部机械工程办公室发展部主任及首席质量经理；

---

[1] Frédéric Charpentier, “Un langage de spécification univoque, formation aux normes ISO-GPS de tolérancement, concepteurs produit/process” , Renault Training Programme , January 2009.

[2] Frédéric Charpentier, Jean-Marc Prenel, “Les normes ISO-GPS. Une fracture dans l’apprentissage (deuxième partie)” , Technology. Sciences and techniques industrials, NO.165, CNDP, Jan-Feb 2010.

——Alex Ballu, 波尔多第一大学机械物理实验室（LMP）机械与工程研究所（I2M）高级教师（‘MCF’ [Maître de Conference], ‘HDR’[ Habilitation a Diriger la Recherche]），公差研究部成员，AFNOR-ISO 专家协会技术委员会 213（ISO-GPS）及 UNM 委员会 08（规范）成员；

——Serge Farges，设计工程、计量学领域，标准化—规范—测量（PSA Peugeot Citroën）专家，AFNOR 专家协会 UNM 委员会 09（测量）专家；

——Nicolas Lerouge，测量计量学部（PSA Peugeot Citroën），AFNOR-ISO 专家协会技术委员会 213（ISO-GPS）及 UNM 委员会 08（规范）成员；

——Luc Mathieu，巴黎第十一大学技术学院（卡尚分校）教授（PU），卡尚高等师范学院自动化生产研究实验室负责人，公差研究部成员，AFNOR-ISO 专家协会技术委员会 213（ISO-GPS）及 UNM 委员会 09（测量）成员；

——Adnan Özögütcü，ISO-GPS 标准培训顾问（雷诺土耳其），土耳其国家 ISO-GPS 标准顾问；

——Jean-Marc Prenel，雷诺机械工程电动动力系统设计顾问，AFNOR-ISO 专家协会技术委员会 213（ISO-GPS）及 UNM 委员会 08（规范）成员；

——Alain van Hoecke，施耐德电气电机工程专家，AFNOR-ISO 专家协会技术委员会 213（ISO-GPS）及 UNM 委员会 08（规范）成员。

同样感谢为本手册积极提供图片材料的各位：Catherine lubineau（UNM）和 Christophe Lemoine（计量部）。

**作者　弗雷德里克·沙彭蒂耶博士（PhD Frédéric Charpentier）**

巴黎东大（UPEC）克雷泰伊分校教师培训机械工程学院，法国国立高等工程技术学校（ENSAM）及法国国立工艺学院工程系（EiCnam）Agrégé 认证先进教师，波尔多第一大学机械物理实验室（LMP）机械与工程研究所（I2M）研究助理，公差研究部成员。

AFNOR-ISO 专家会议技术委员会 213（ISO-GPS）、UNM 委员会 08（规范）及 09（测量）成员，AFNOR-CEN（欧洲）专家协会技术委员会 279（数值测量—功能分析）成员。

# 图识约定

作者使用以下标识来突出文字或做出特别提示。

**特别注意** 要点

禁止出现或引用

禁止引用

引用有风险

推荐引用方案

[ISO 8015:2015]
5.1 调用原则

参考的 ISO 标准

# 前言

产品几何技术规范（Geometrical Product Specifications, GPS）反映了机械工程师使用工具的巨大变革。

为了满足新的技术和经济需求，伴随着一系列规范的不断更新，产品尺寸标注方法和机械加工件的要求经历了一场由上而下的变革，促使工业竞争状态发生改变。

虽然由国际标准化委员会出版发行的相关规范合集还未得到官方认证，但是法国国家教育部从一开始就已经深入调研，并且准备了一套全面的培训方案。此方案最终落实成为介绍这些新标准的培训材料以及指导学术专家培训其他技术人员的培训方案。

从开始有发行本手册的想法，到将其与官方部门资助的课程整合到一起至今已有 10 年，这 10 年来法国国家教育部几乎一直是几何公差在工业领域特别是中小企业领域发展的主导力量。机械类专业学生通过培训，可以理解尺寸标注的基本知识和要点，能够清楚而正确地掌握从设计到制造再到检验的整个工程周期中使用的各类规范。由法国国家教育部领导的围绕此主题的教学研究重点在于工件或结构规范的技术语言。

因此，本手册在法国国家教育部提出的培训方向基础上，对相关概念进行了介绍，同时将不断更新的公差标准的最新发展状况集合成为一本易于学习理解的袖珍手册。在此对作者、校对人员以及促使此手册成功出版的工作人员表达衷心的感谢。

多米尼克 - 塔华德（Dominique Taraud）
法国国家教育部工业科技部总监

# 目录

# 简介

## 产品几何技术规范：战略因素

工业生产工件的功能尺寸标注正在成为集成设计工程方法面临的关键问题。为了解决规范、设计和验证过程中的问题，工业产业链中各环节的人员，从设计人员、机械师到制造人员、质量控制人员，都需要使用一种通用并且严谨的交流语言。

标准化为产品链上的所有人，包括用户、产品工程师、算法工程师、工业制造商、政府机关以及所有的股东等，提供了一种通用的交流用具。每一条标准都是由标准化办公室领导下的工作部门与相关目标市场的人员共同制定的。客观现状是这些标准并不是法律或者法规，而是用户可以自愿选择参考的官方参考基准。但应当明确，“标准化是由经济学理论驱动的重要技术活动[1]”。

产品几何技术规范中的相关规范方法，着眼于提供能够解决设计、生产和测量过程中所遇问题的工具集。

对于工件表面，采取一种规范可以表示实际工作表面的偏差，然而更加重要的是，它可以反映出对于工件以及所有外部设备的技术类功能性分析（尺寸链计算和公差叠加、重力……）。

---

[1] Philippe Contet, “Opérateur de normalisation à votre service”, UNM（Union de normalisation de la mécanique）, séminaire “Cotation I SO : les nouvelles normes, quelles conséquences ?”, CETIM-UNM, 30 November 2005.

## 产品几何技术规范

### 标准及其建立过程

标准是一份由权威的标准化研究机构（在法国为 AFNOR）批准的参考文档。标准是在标准化办公室内部基于自愿的原则组成市场研究院委员会共同制定的。

标准化是由经济学理论驱动的重要技术活动。它阐明了经济学理论，简化了生产工艺，促进了对话交流。在法国，由标准化部长代表授权的 AFNOR 负责协调领导标准化委员会的各标准化办公室之间的工作。在力学和橡胶领域，UNM[1] 领导了一组由合作伙伴委派的专家，由他们负责制定相关标准。针对各委员会，共划分了三种标准化系统级别：国家级别标准（起草法国“NF”标准）、欧洲级别标准以及国际级别标准（详细制定欧洲“EN”或国际“ISO”标准）。

法国国家标准化组织结构

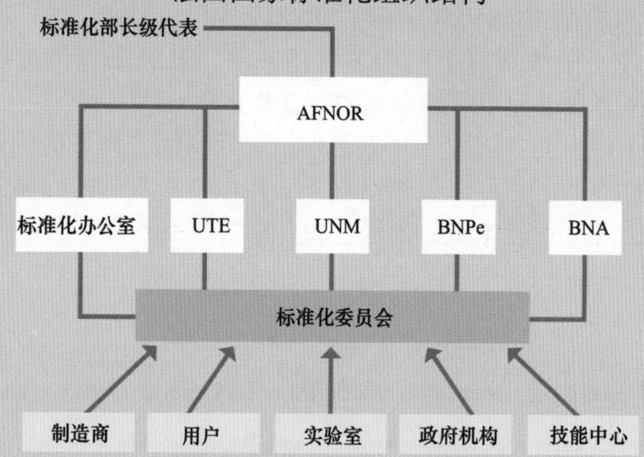


“GPS- 规范”“GPS- 测量”和“GPS- 表面标注”将主要市场领导者、技能中心、大学和学院以及尺寸测量设备制造商汇集在一起，共同制定并完善产品几何技术规范标准。此领域的标准化工作在国际范围（ISO/TC 213）内进行，所制定的 ISO 标准也已被欧洲标准以及法国标准全部接受。

[1] UNM：Union denormalisation de la mécanique，法国机械工程标准化办公室。

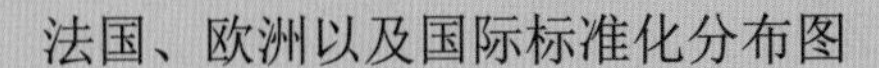
法国、欧洲以及国际标准化分布图

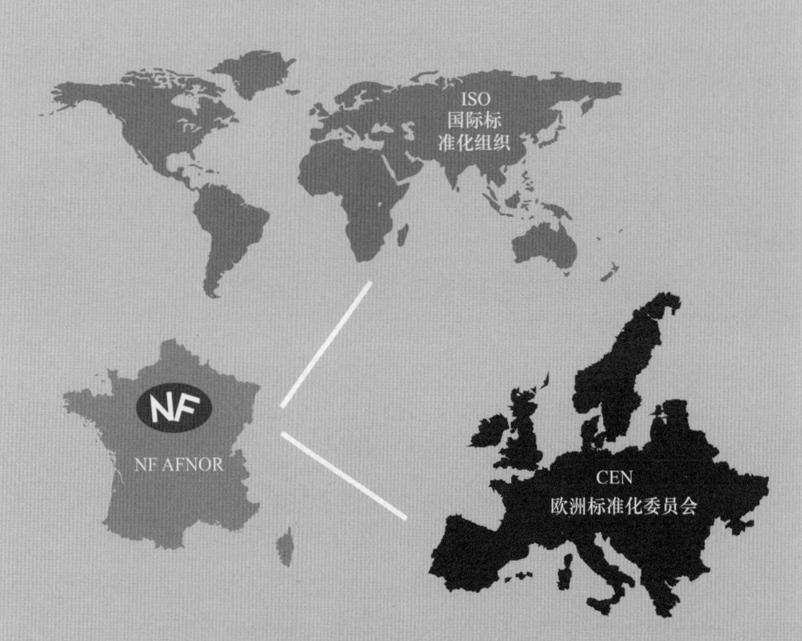


产品几何技术规范标准融合成为一套技术语言，使得设计人员、产品工程师以及测量人员能够高效并且明确地表达工件几何及其公差带，并且使得读懂图样并检验工件是否符合规范成为可能。

摘自 UNM

UNM, Maison de la mécanique, 92038 Paris-La Défense Cedex-www.unm.fr

## 产品几何技术规范

### 标准与手册

本手册将十九项关键标准重新整理成 6 个部分，标准中的大部分都是最近才被批准实施的，其中第 2 ～ 5 部分探讨相关的基础知识，即几何规范、基准、公差带标注以及测量规范。

**ISO 1101：2012［DIS/ISO 1101.2：2015*］（国标对应 GB/T 1182）**

产品几何技术规范（GPS）几何公差形状、方向、位置和跳动公差标注

**ISO 1660：1987（国标对应 GB/T 17852）**

技术制图 外形尺寸公差和注法

**ISO 2692：2014（国标对应 GB/T 16671）**

产品几何技术规范（GPS）几何公差 最大实体要求（MMR）、最小实体要求（LMR）和可逆要求（RPR）

**ISO 3040：2009（国标对应 GB/T 15754）**

产品几何技术规范（GPS）锥体尺寸和公差注法

**ISO 5458：1998［DIS/ISO 5458：2015*］（国标对应 GB/T 13319）**

产品几何技术规范（GPS）几何公差 位置公差标注

**ISO 5459：2011［DIS/ISO 5459：2016*］（国标对应 GB/T 17851）**

产品几何技术规范（GPS）几何公差标注 基准和基准体系

**ISO 8015：2011（原 ISO 14659：2007）（国标对应 GB/T 4249）**

产品几何技术规范（GPS）基本原则 - 概念、原理及规则

**ISO 10579：2010（国标对应 GB/T 16892）**

产品几何技术规范（GPS）尺寸和公差注法 非刚性零件

**ISO 13715：2000（国标对应 GB/T 19096）**

技术制图 图样画法 未定义形状边的术语和注法

**ISO 14253-1：2013（国标对应 GB/T 18779.1）**

产品几何技术规范（GPS）工件与测量设备的测量检验 第 1 部分：按规范检验合格或不合格的判定规则

**ISO 14405-1：2010**

产品几何技术规范（GPS）尺寸公差注法 第 1 部分：线性尺寸

ISO 14405-2：2011

产品几何技术规范（GPS） 尺寸公差注法 第2部分：除线性尺寸外其余的尺寸

ISO/TR 14638：1995（国标对应 GB/Z 20308）

产品几何技术规范（GPS） 总体规划

ISO 14660-2：1999（国标对应 GB/T 18780.2）

产品几何技术规范（GPS）几何要素 第2部分：圆柱面和圆锥面的提取中心线、平行平面的提取中心面、提取要素的局部尺寸

ISO 17450-1：2011（国标对应 GB/Z 24637.1）

产品几何技术规范（GPS）通用概念 第1部分：几何规范和验证的模式

ISO 17450-2：2012（国标对应 GB/Z 24637.2）

产品几何技术规范（GPS）通用概念 第2部分：基本原则、规范、操作集和不确定度

ISO 17450-3：2016（国标对应 GB/Z 24637.2）

产品几何技术规范（GPS）通用概念 第3部分：公差功能

ISO 22432：2011（原 ISO 14660-1：1999）

产品几何技术规范（GPS）- 功能规范与验证使用的要素

ISO 25378：2011

产品几何技术规范（GPS）- 特征和条件 - 定义

* 三份标准的修订版目前处于国际标准草案（Draft International Standard，DIS）阶段，起草它们是因为需要介绍最新出版标准中的数个新增元素：SZ、OZ、UF、DF。

本手册对于标准（索引、日期）的使用得到了法国标准化协会（AFNOR）的批准。原始标准的最新版本是文档的唯一参考（http://www.boutique.afnor.org）。本信息不可被删除。任何对于标准的使用（包括打印或者导出）必须提到本信息。

在本手册最后（154页），给出了一些主要专业概念的定义。本手册是一本易于参考的袖珍指南，在手册最后（156页）使用关键词检索方法对全文内容进行索引。

# 1 ISO-GPS 规范

# GPS 是什么？

## 简介

产品几何技术规范（Geometrical Product Specifications，缩写为GPS），主要包括用于定义形状（公称几何）的机械制图、能够表达工件理想功能特性的几何及表面特征，以及使工件满足功能要求的理想尺寸下的极限偏差范围。

工业制造过程中生产的工件并不是完美的，与理想尺寸相比会存在偏移或者偏差，工件与工件之间的尺寸也存在差异。

这些工件将会被测量并与标准进行对比。

需要有指导准则将以下内容联系起来：

——设计师设计的工件；

——实际制造的工件；

——通过测量实际制造出的工件而获得的工件实际细节。

为了实际应用这些指导准则并使相关人员能够共享相同的语言编码，提出了一系列 GPS 相关标准用于解决核心的问题，例如核心的定义、相关符号的使用、测量的原则等。

[ISO/TR14638：1995]
产品几何技术规范（GPS）总体规划

## 规范与验证

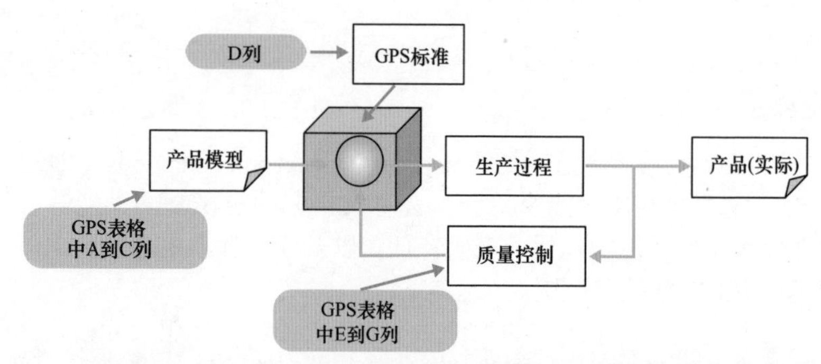


<table>
<tr><th colspan="8">GPS 标准的总体条目的概述表格</th></tr>
<tr><th rowspan="3"></th><th colspan="7">条目序号</th></tr>
<tr><th>A</th><th>B</th><th>C</th><th>D</th><th>E</th><th>F</th><th>G</th></tr>
<tr><th>产品文件中的标示——编码方案</th><th>公差定义——理论框架和取值</th><th>提取要素的特征和参数的定义</th><th>合格与不合格合</th><th>工件偏差分配——对比公差限制</th><th>测量设备要求</th><th>校准要求——校准标准</th></tr>
<tr><td>要素级别几何特征</td><td colspan="3">规范<br>A. 技术制图<br>通过使用符号与规则来定义公称(理想条件下的)要素。这些公称要素对应于理想几何形状，用于保证工件性能满足设计的预期。<br>B. 公差<br>定义极限边界范围，生产的工件尺寸需在此范围内才能满足预期性能。<br>C. 参数与特征<br>定义实际几何要素与公称要素的差异，为与相应的公差进行比较提供基准。在适当的情况下，其计算方法应当被明确无误地定义。</td><td>D. 合格与不合格<br>定义了标准要求与验证结果的对比要求</td><td colspan="3">验证<br>E. 对比公差与差异<br>此条定义了验收条件。<br>F. 测量设备<br>此条定义了测量设备的必要特征。需要使设备制造商生产能够提供可对比结果的设备，并使用户获知测量不确定度。<br>G. 校准<br>比较参考单元。需要按照校准流程，外加校准标准的特征。这是测量不确定度的评价方法。</td></tr>
</table>

ISO/TR 14638:2015

# 合格

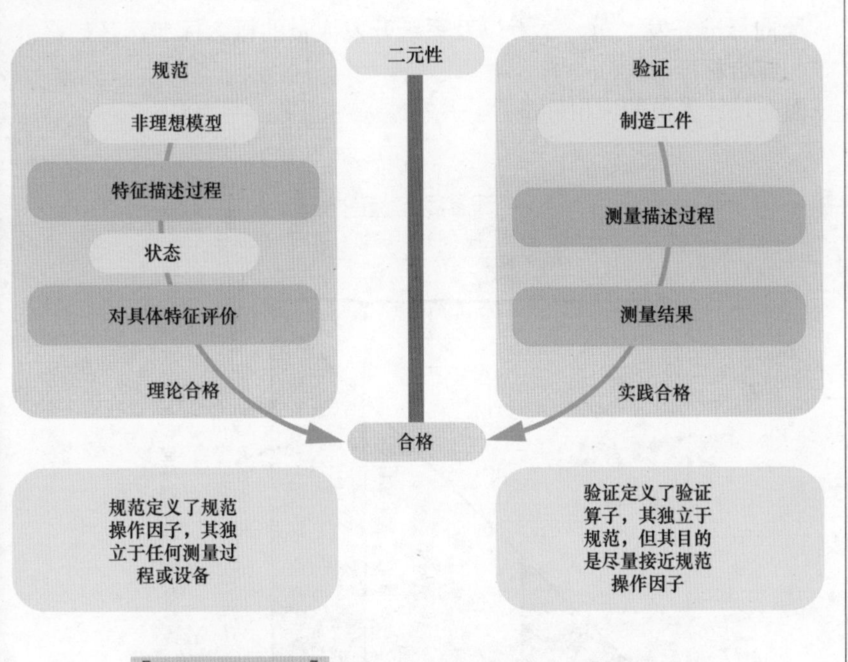


[ISO 8015:2001]

5.5 二元性原则

## 各类标准

- 面向标准开发人员、学者以及系统开发人员的概念标准：基础标准与综合标准。
- 面向设计人员的应用标准。

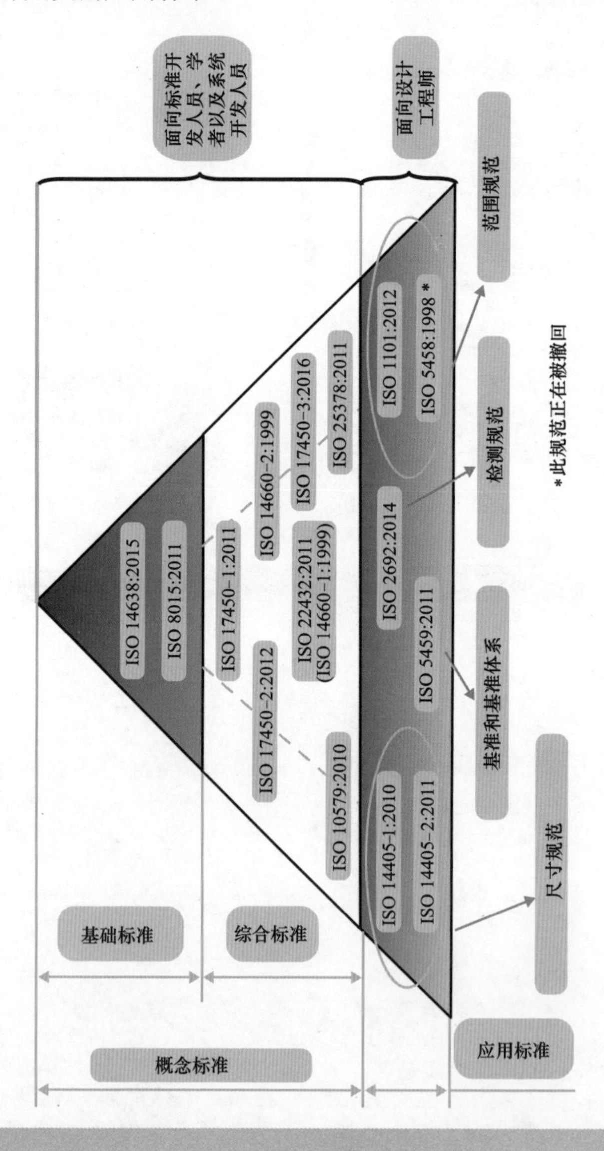

# 术语与定义

## ISO-GPS 尺寸标注的三个核心概念

- 尺寸公差标注
- 几何公差标注
- 测量公差标注

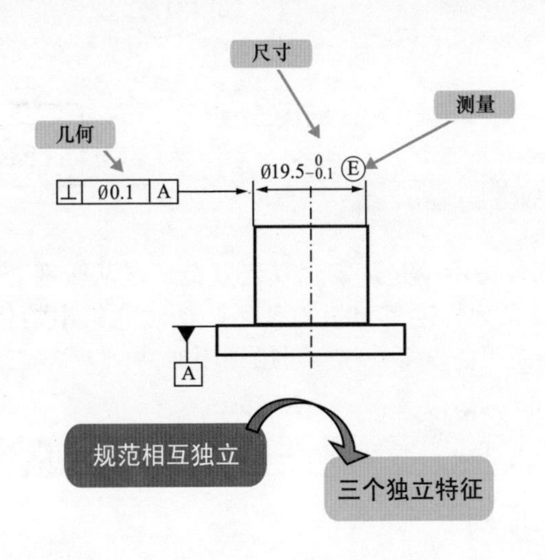


## 独立原则

默认情况下，针对要素或者要素间关系的每一条 GPS 要求应当完全独立于其他要求，除非在实际使用规范时存在规定或有特殊说明（例如附加符号Ⓛ和Ⓜ）。

［ISO 8015:2011］

5.5 独立原则

## 调用原则

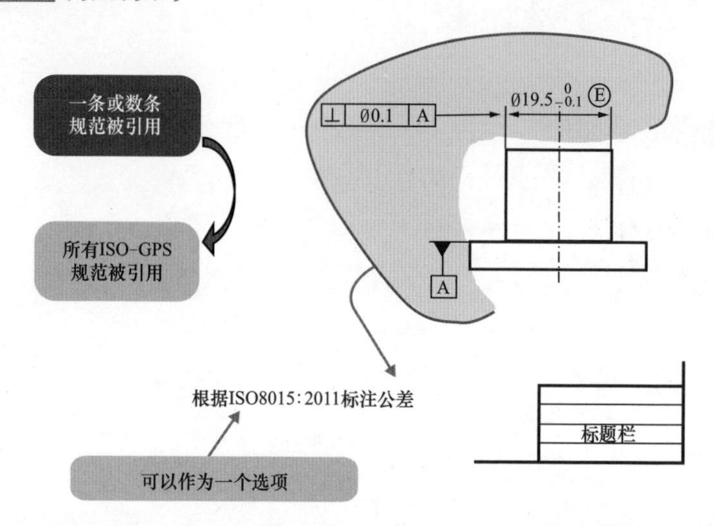


调用原则使得不论是从宏观几何规范还是从微观几何规范角度，整个 ISO-GPS 系列标准都可以被使用。请注意给出的任何标注（尺寸、几何、表面粗糙度等）都会引用调用原则。

[ISO 8015:2011]

5.1 调用原则

## 要素原则

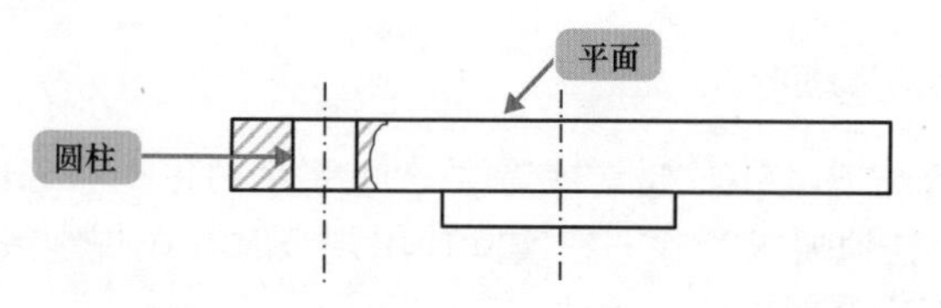


一个工件应当被认为是由数个要素组成的。这些要素受到自然边界（在默认情况下即为边）的限制。

[ISO 8015:2011]

5.4 要素原则

# 要素类型

## 组成要素

**组成要素：**面或者面上的线；组成要素是最本质上的定义。

*见下方三个示例中的红色部分。*

**公称组成要素：**理论上通过机械制图或者其他方式定义的组成要素。

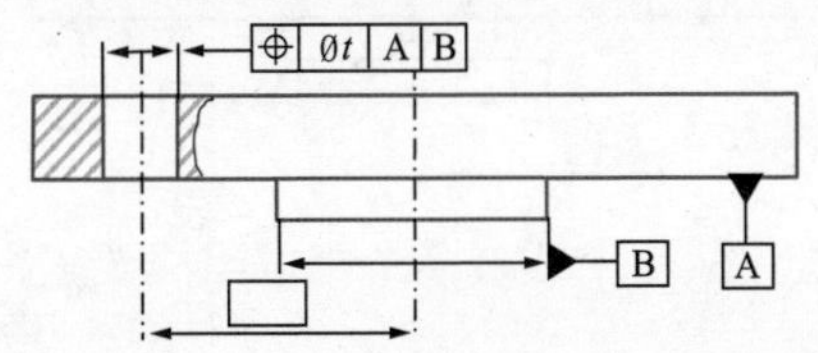


**提取组成要素：**实际（组成）要素的近似表达，通过从实际（组成）要素上提取有限数量的点而获取。

**拟合组成要素：**按照规定的方法由提取组成要素形成的具有理想形状的组成要素。

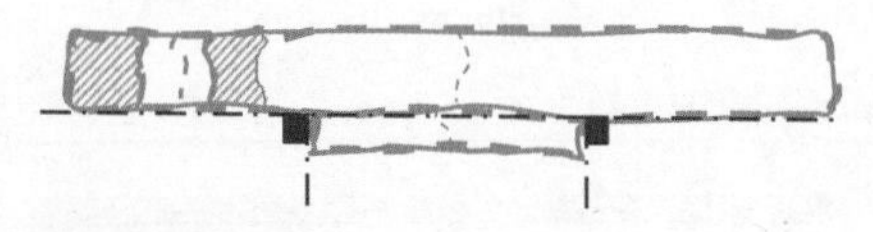

［ISO 22432:2011］

**表面模型：**非理想表面模型。

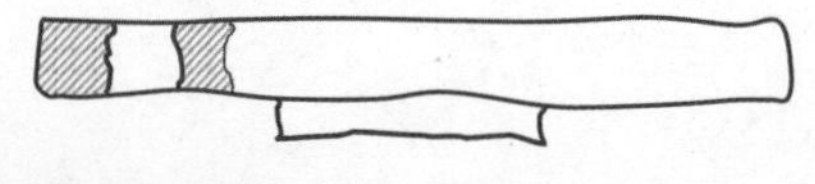

［ISO 17450-1:2011］

## 导出要素

**导出要素**：从一个或者多个组成要素得到的中心点、中心线或中心面。

*见下方三个插图中的红色部分。*

**公称导出要素**：从一个或者多个公称组成要素导出的中心点、轴线或中间平面。

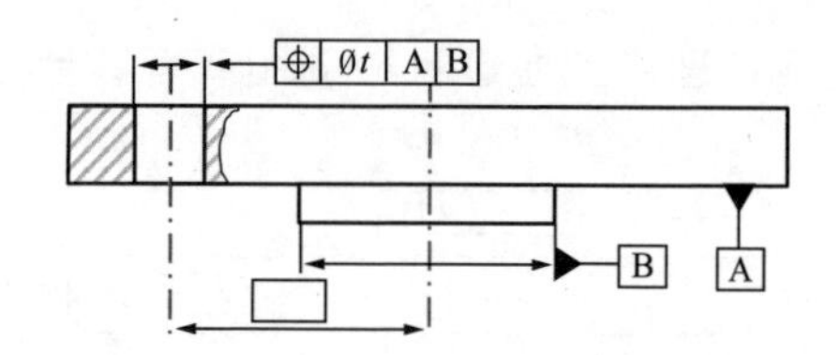


**提取导出要素**：从一个或者多个提取组成要素得到的中心点、中心线或中心面。

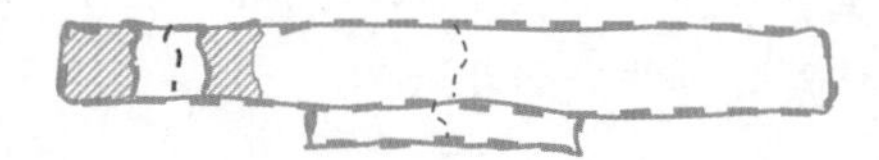

**拟合导出要素**：从一个或者多个拟合组成要素导出的中心点、轴线或中间平面。

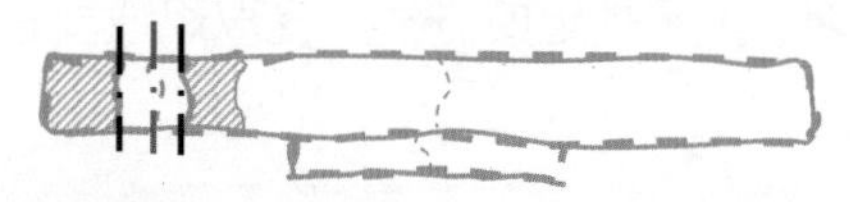

[ISO 22432:2011]

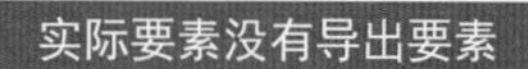


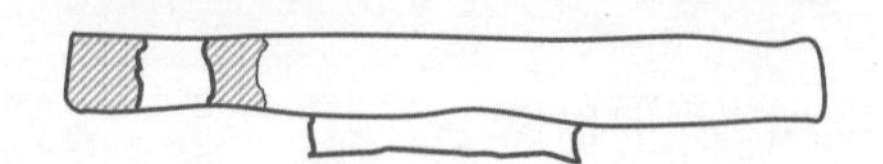

## 理想要素

**理想要素**：参数化等式 / 操作定义的要素。

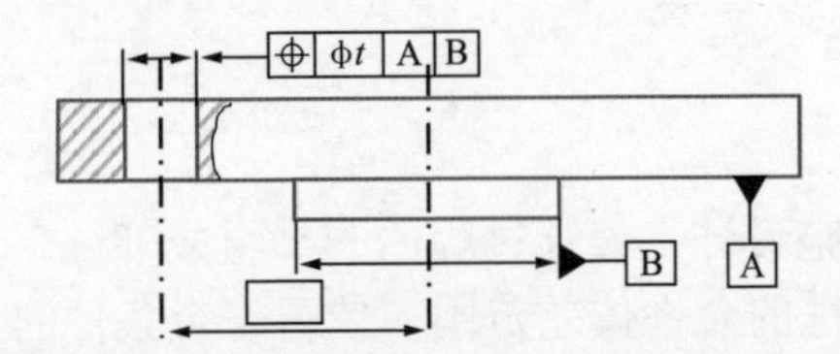


所有理想要素都属于下表中定义的 7 种恒定类别中的一种。

| 恒定类别 | 恒定度 |
|---|---|
| 复合面 | 无 |
| 柱面 | 沿直线平移（一个方向） |
| 回转面 | 绕直线旋转（一个方向） |
| 螺旋面 | 沿直线平移（一个方向）和绕直线旋转（一个方向） |
| 圆柱面 | 沿直线平移（一个方向）和绕直线旋转（一个方向） |
| 平面 | 绕直线旋转（一个方向）和在垂直于此直线的平面内平移（两个方向） |
| 球面 | 围绕一点旋转（三个方向） |

## 非理想要素

**非理想要素**：非理想表面模型（Skin Model，非理想模型）上的不完美的要素。

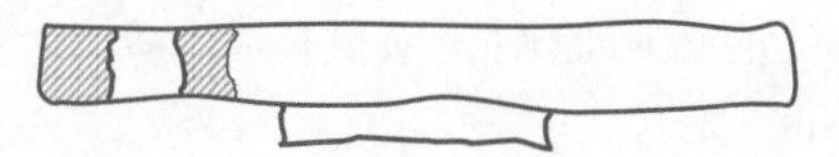

## 方位要素

**方位要素**：定义其他要素位置和 / 或方向的导出要素（例如点、直线、平面或者螺旋线）。

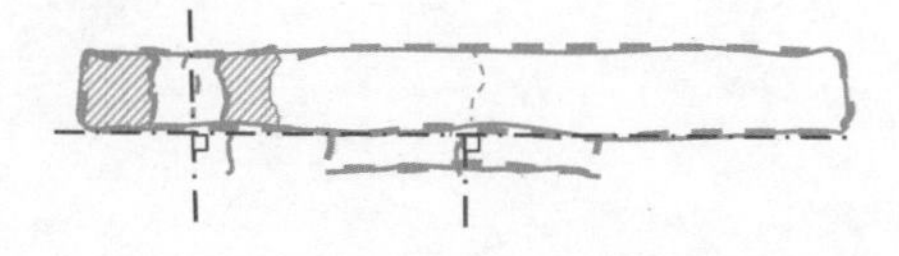

# 模型及其概念

## 含义

**产品几何规范设计**是设计过程的一个组成部分。在此阶段建立给定工件一系列特征的允许偏差范围，使得符合条件的工件可以满足产品的性能需求。同时也会定义与制造过程对应的质量等级、制造过程的极限偏差以及工件参照的合格—不合格（质量）标准。

**检验**是制造过程的一步，在此阶段测量人员会决定工件实际表面与具体的允许偏差范围是否一致。通过比较具体的特征和测量结果来决定一致性。

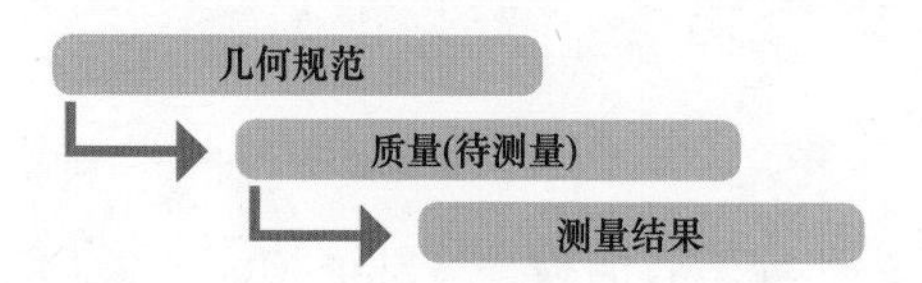


**合格**（与不合格）定义了产品几何规范需求与检验结果之间对比的要求。合格性的声明原则（除供应商 / 客户关系外）均在 ISO 14253-1：2003 标准中定义。

[ISO 8015:2011]
5.5 二元性原则

# 操作

## 含义

如果要获取理想以及非理想几何要素，则需要进行某种操作。此处所列举的对于几何要素的各种操作可以按照任意顺序进行，这些操作是：

分离、提取、滤波、拟合、组合、构建。

［ISO 17450:2011］
8 操作

## 分离

分离（Partition）是指从非理想表面模型或者实际表面获得与公称要素对应的非理想要素或者理想 / 非理想要素的一部分的操作。

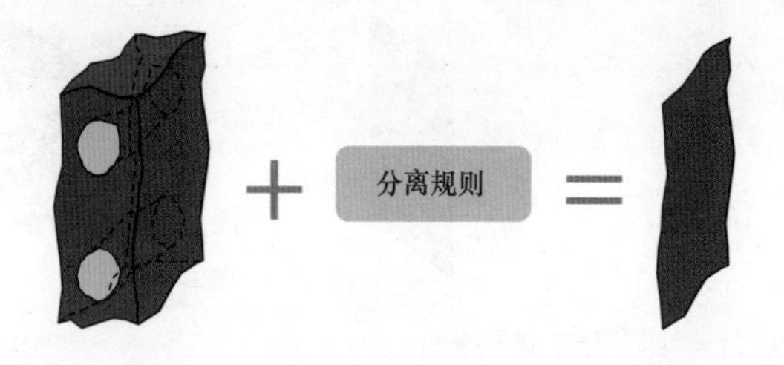


## 提取

提取（Extraction）是依据一定规则从几何要素中获取一系列点的操作。

## 滤波

滤波（Filtration）是根据数据的周期性来识别粗糙度、波纹度、表面结构和形状的操作。

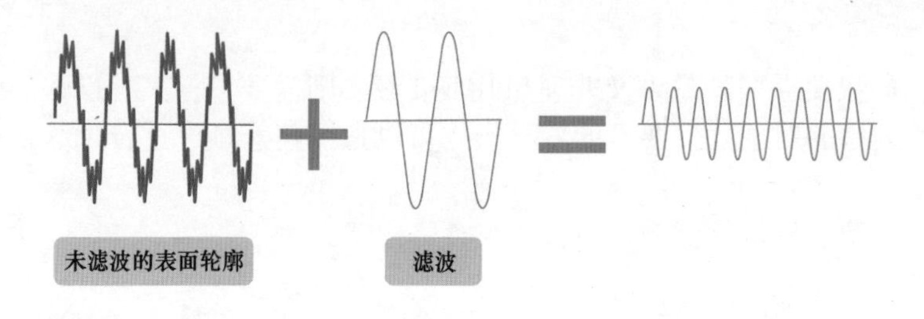


## 拟合

拟合（Association）是依照特定规则用理想要素逼近非理想要素的操作。

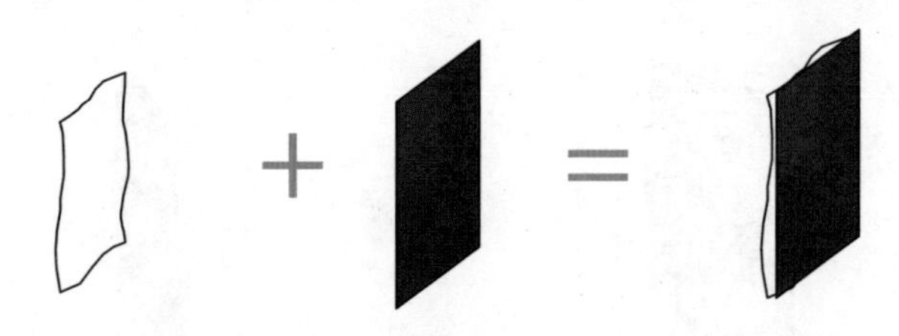

下面是拟合规则的三个实例：

——非理想要素与理想要素每点间距离的平方和最小（最小二乘法）；

——内接最大直径圆柱；

——外接最小直径圆柱。

## 组合

组合（Collection）是将功能一致的一系列要素结合在一起（命名为一个新的要素）的操作。组合操作可应用于理想要素，也可以应用于非理想要素。

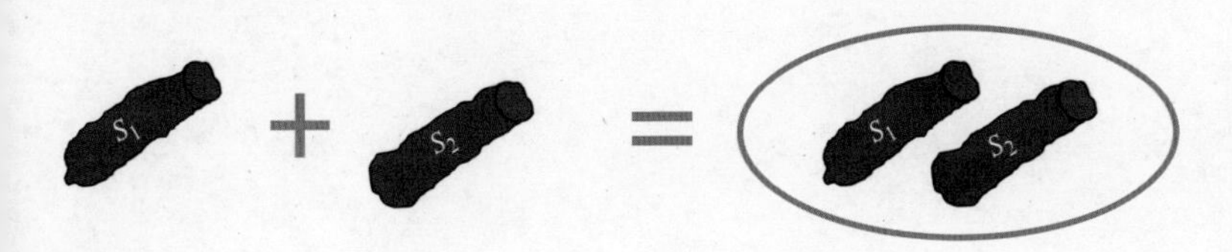


## 构建

构建（Construction）是依据给定的几个约束条件从相关理想要素中建立（新的）理想要素的过程。

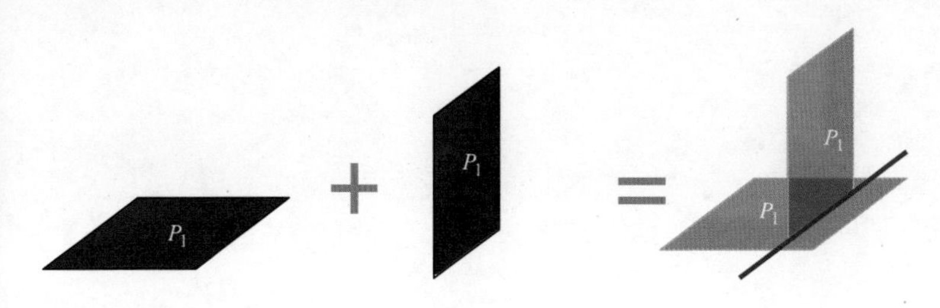

# 2 几何规范

# 几何是什么？

## 定义

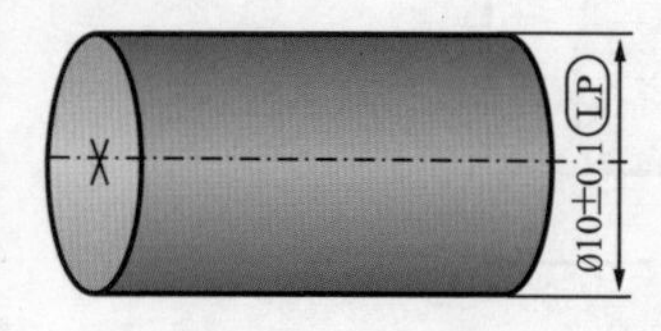


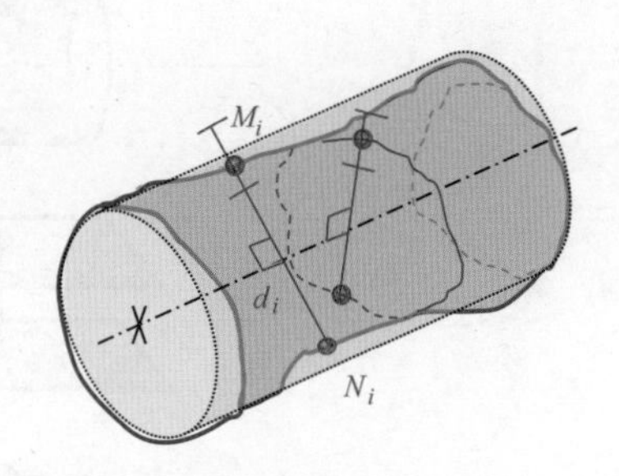


几何规范就是通过从非理想表面模型上识别几何要素的操作而获得的定义特征分布状况的表达。

- 分布状况：≥ 9.9；≤ 10.1
- 特征：$d=d(M_i, N_i)$
- 类型：线性
- 操作：

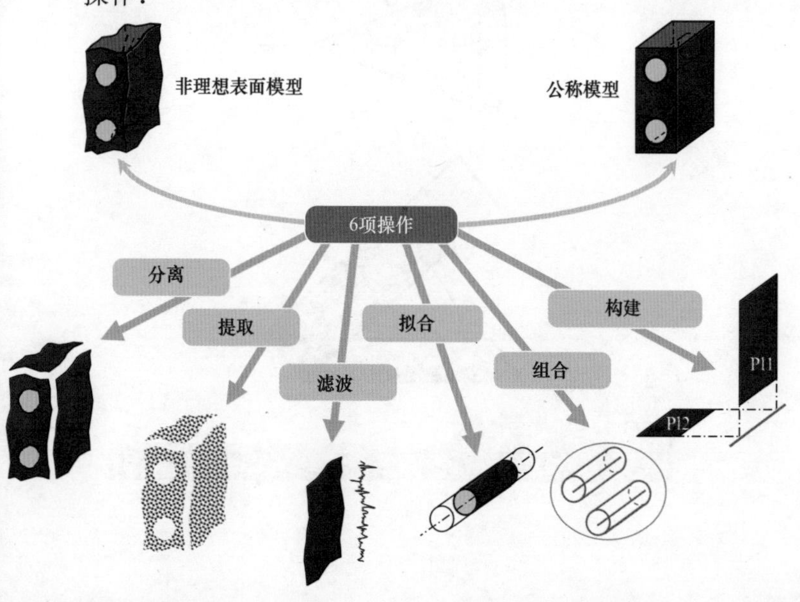

尺寸要素涉及圆柱、球，两个平行相对的表面，锥形或者楔形。尺寸要素是由线性尺寸或者角度尺寸定义的几何形状的“分布状况”。

## 线性尺寸

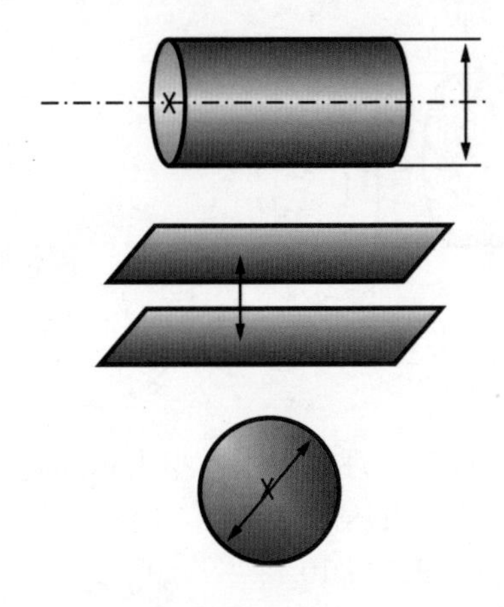

## 角度尺寸

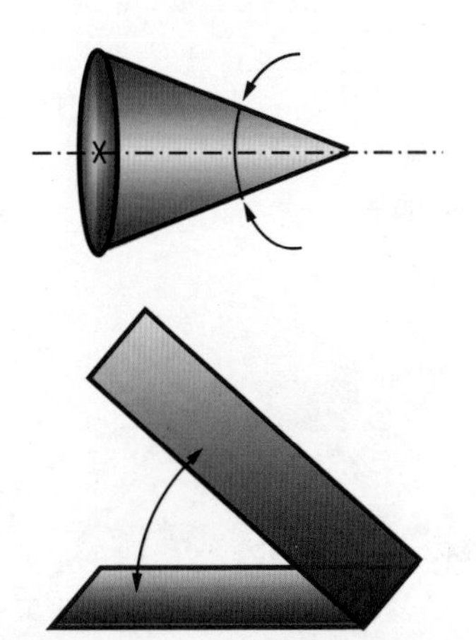

[ISO 14405-1:2010]

3.1.2 尺寸特征

# 线性尺寸

## 实际局部尺寸

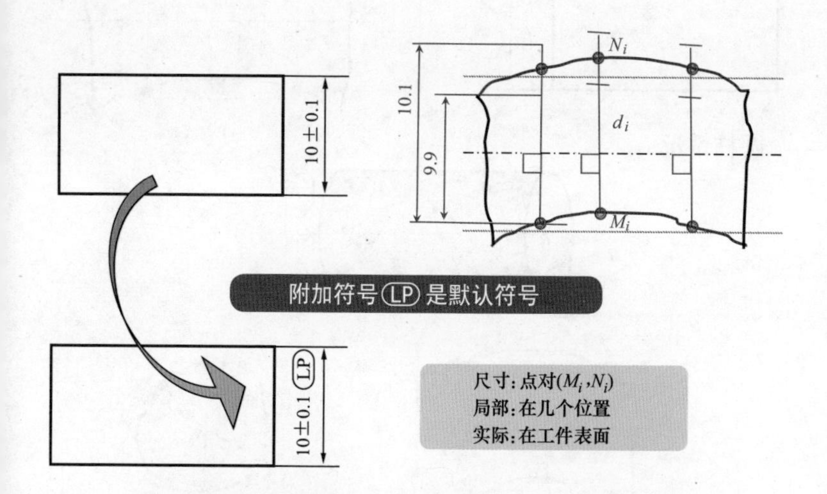


[ISO 14405-1:2010]

3.10 局部尺寸（局部线性尺寸）
5.2 ISO 默认尺寸规范操作因子
ISO 默认尺寸规范操作因子（无基本规范附加符号）是两点尺寸

## 两点尺寸(LP)（局部尺寸）

### 两平行平面情况

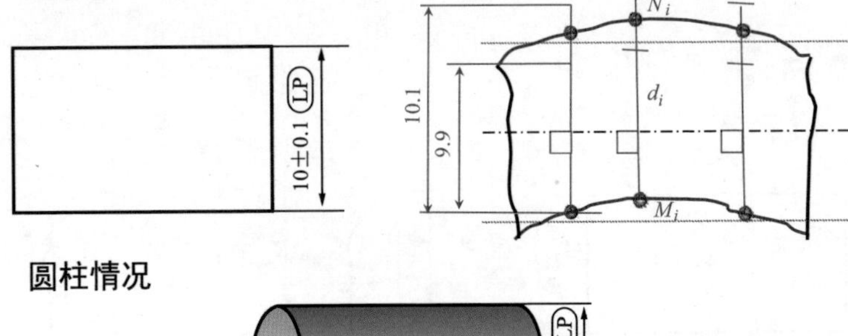


### 圆柱情况

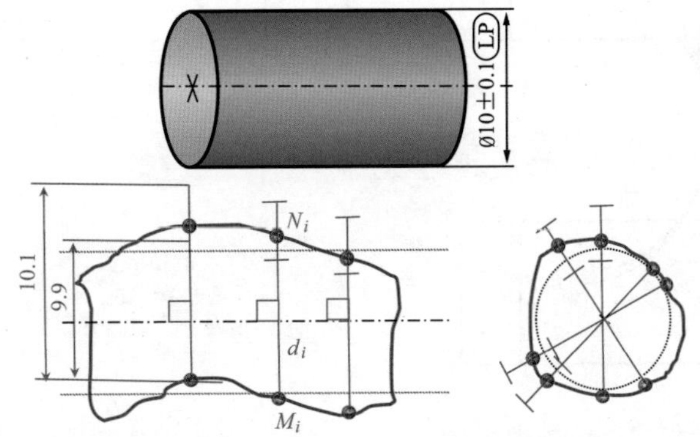


ISO 14405 标准以及 ISO 14660-2 标准通过添加(LP)标记表示限定实际局部尺寸的测量方向。

(LP)：——两平行平面情况下

相对表面上两点间的距离，要求：

——两点间连线垂直于拟合中间面；

——拟合中间面是从提取表面上获得的两拟合平行面的中间面(即两拟合平行平面间的距离可以与公称距离不同)。

——圆柱情况下

提取表面上两点间的距离，要求：

——两点间连线垂直于拟合中间线；

——拟合中间线是提取表面拟合的圆柱面的轴线。

[ISO 14405-1:2010] [ISO 14660-2:1999]

3.10.1 两点尺寸

## 球形尺寸(LS)（局部尺寸）

### 两平行平面情况

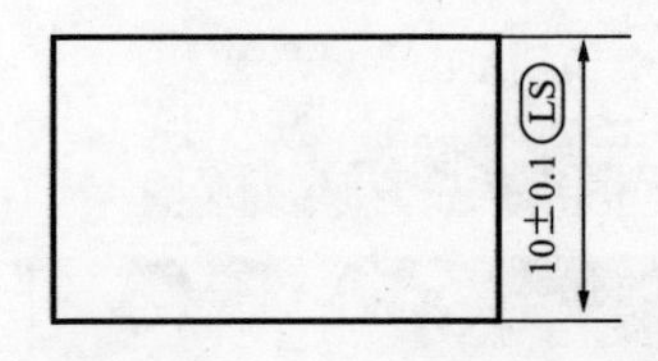


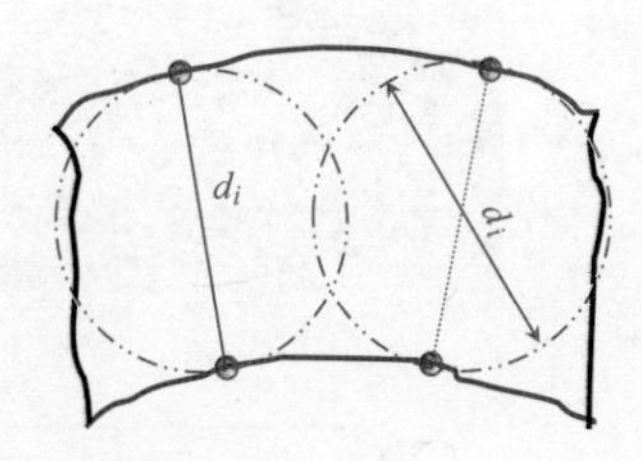


### 圆柱情况

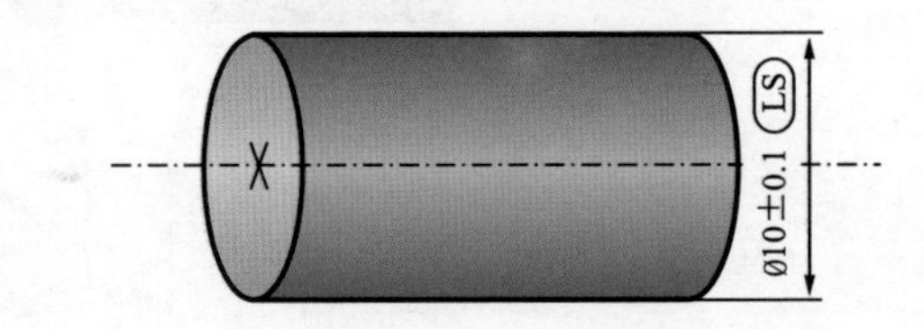


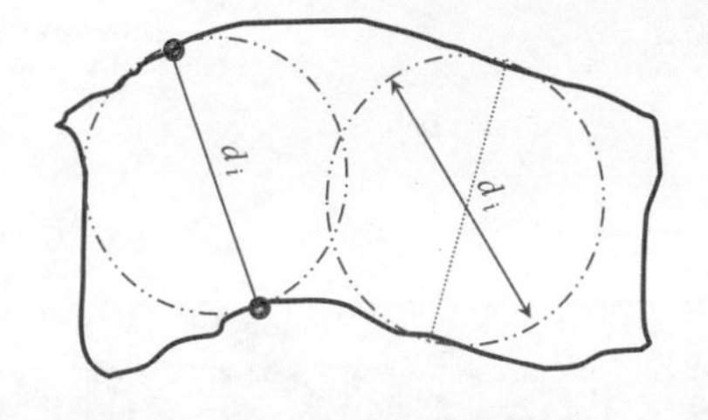


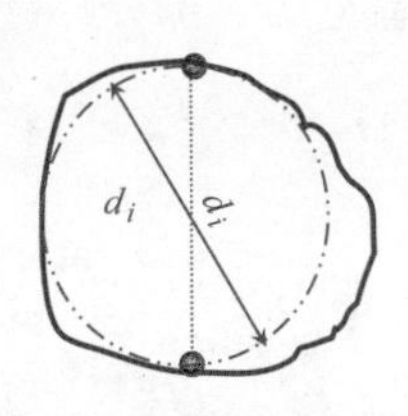


局部线性尺寸是两点间的尺寸，是由（包容）球体的直径定义（局部）的尺寸。

点对的方向不定

［ISO 14405-1:2010］

3.10.4 球形尺寸

## 最小外接尺寸(GN)（综合尺寸）

［ISO 14405-1:2010］

3.11 综合尺寸（综合线性尺寸）

3.11.1.3 最小外接尺寸

由所提取的拟合特征（一个或多个）按照最小外接准则建立的拟合特征尺寸

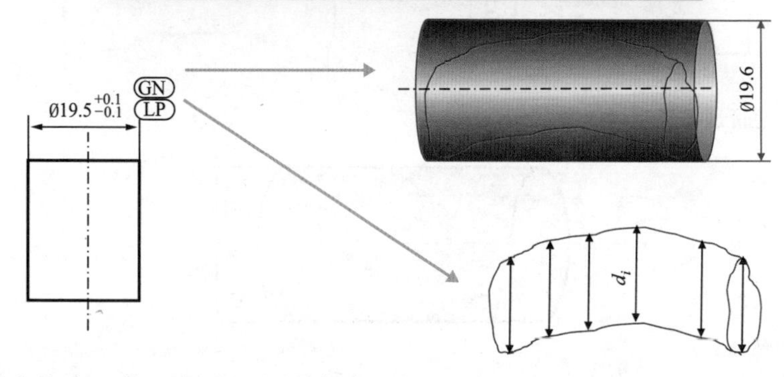


*更多信息见第 5 部分：测量规范。*

## 最大内接尺寸(GX)（综合尺寸）

［ISO 14405-1:2010］

3.11.1.2 最大内接尺寸

由所提取的拟合特征（一个或多个）按照最大内接准则建立的拟合特征尺寸

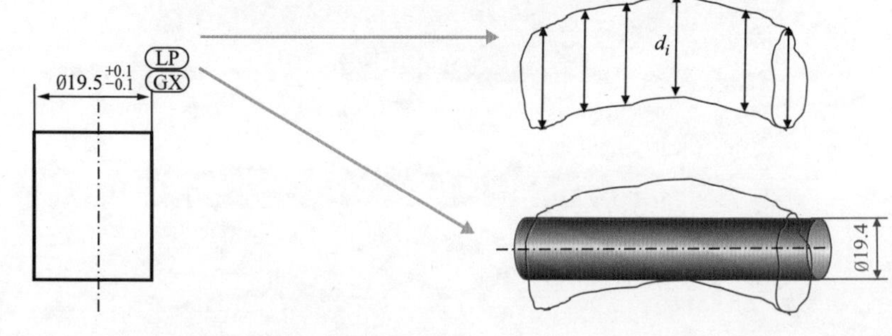


*更多信息参见第 5 部分：测量规范。*

## 最小二乘法尺寸Ⓖ(GG)（综合尺寸）

［ISO 14405-1:2010］

3.11.1.1
最小二乘法尺寸
由所提取的拟合特征（一个或多个）按照“总体最小二乘法”准则建立的拟合特征尺寸

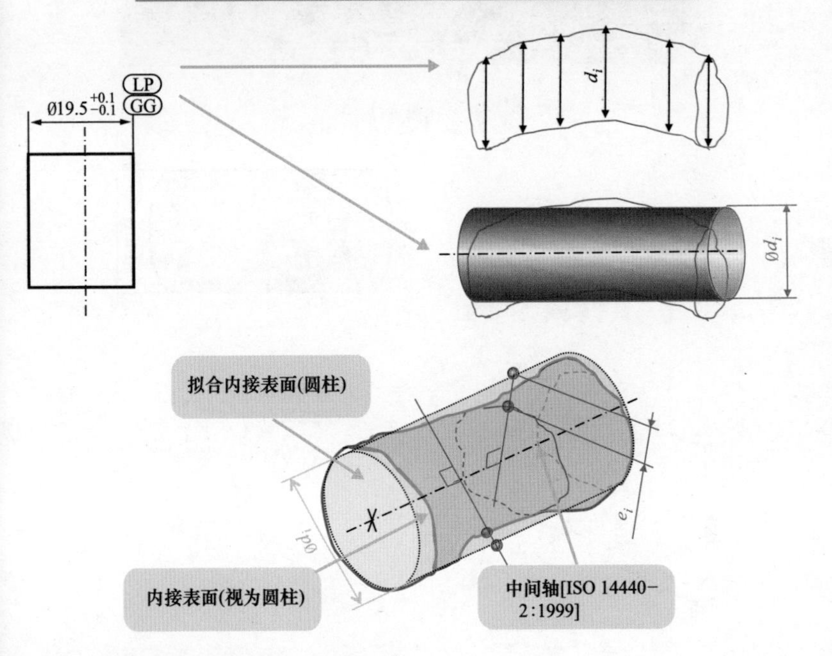


*更多信息参见第 5 部分：测量规范。*

## 圆周直径ⒸⒸ（计算尺寸）

［ISO 14405-1:2010］

3.11.2.1
计算尺寸（局部线性尺寸）
使用数学公式获得的尺寸
3.11.2.1.1
圆周直径
用数学公式计算得到直径尺寸 $d$

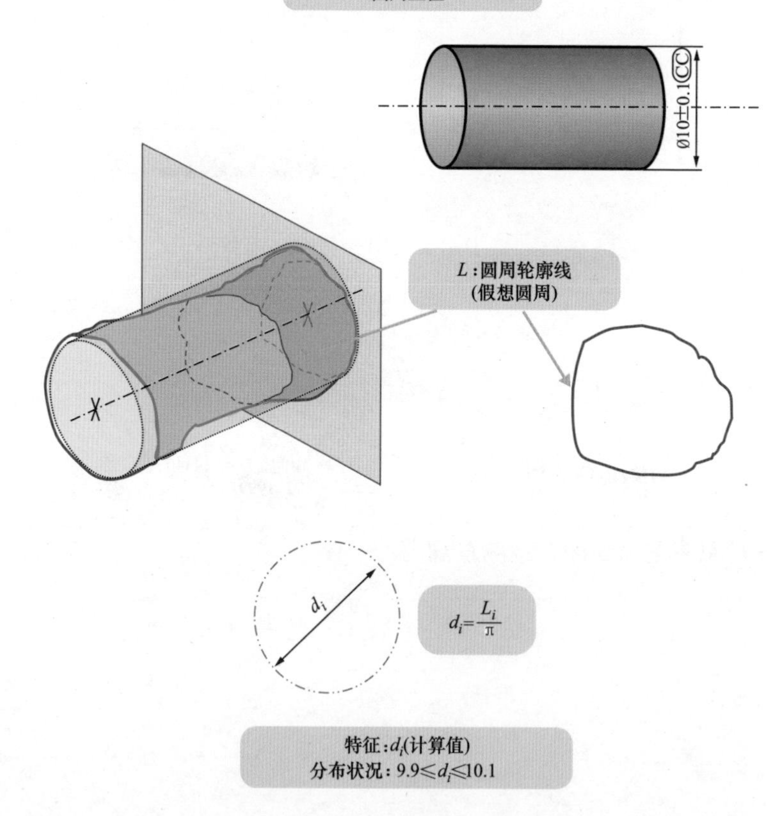

## 面积直径Ⓒ(CA)（计算尺寸）

［ISO 14405-1:2010］

3.11.2.1.2
面积直径（圆形）
用数学公式计算得到直径尺寸 *d*

面积直径(圆形)

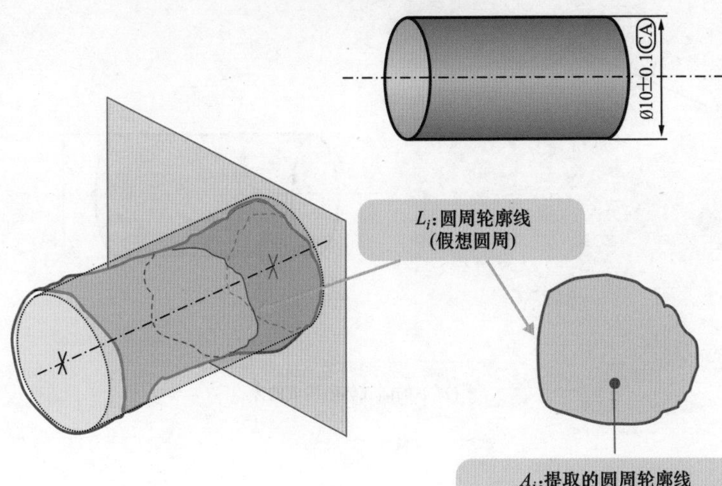


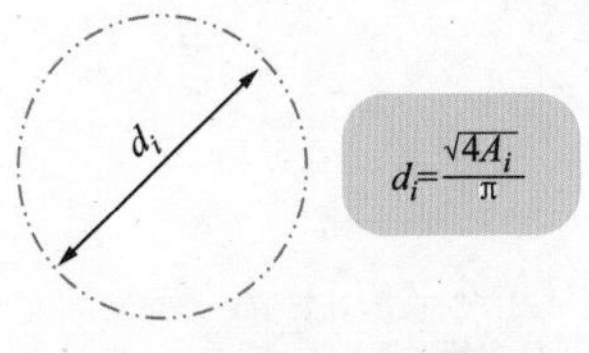


特征：$d_i$(计算值)
分布状况：$9.9 \leqslant d_i \leqslant 10.1$

## 体积直径 CV （计算尺寸）

［ISO 14405-1:2010］

3.11.2.1.3
体积直径（圆柱）
用数学公式计算得到直径尺寸 $d$

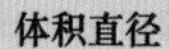


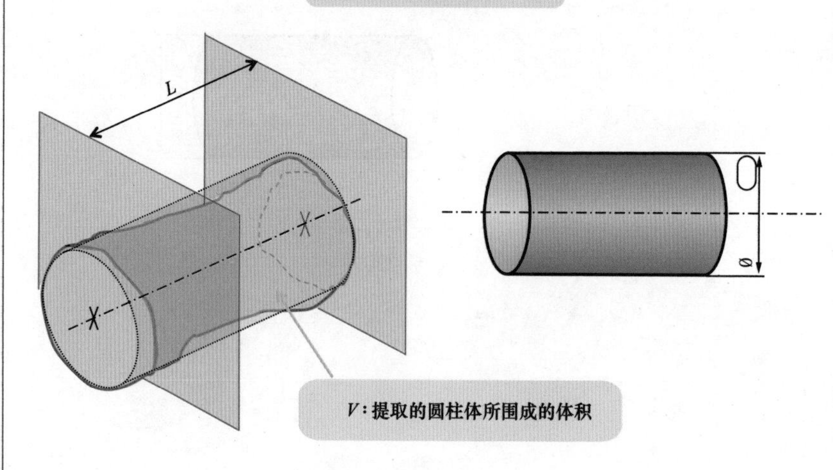


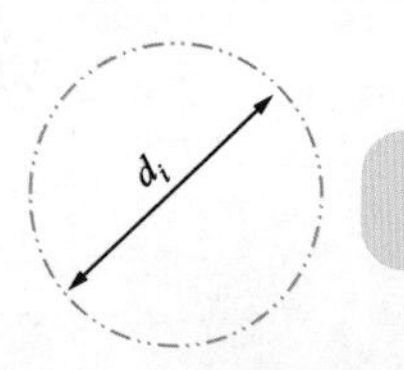


$$d=\frac{\sqrt{4V}}{\pi L}$$

特征：$d_i$(计算值)
分布状况：$9.9 \leqslant d_i \leqslant 10.1$

## 排序尺寸SX SM SA SD SN SR

[ISO 14405-1:2010]

3.11.2.2

排序尺寸

用局部尺寸值同类集定义的尺寸特征

来源于一组尺寸值

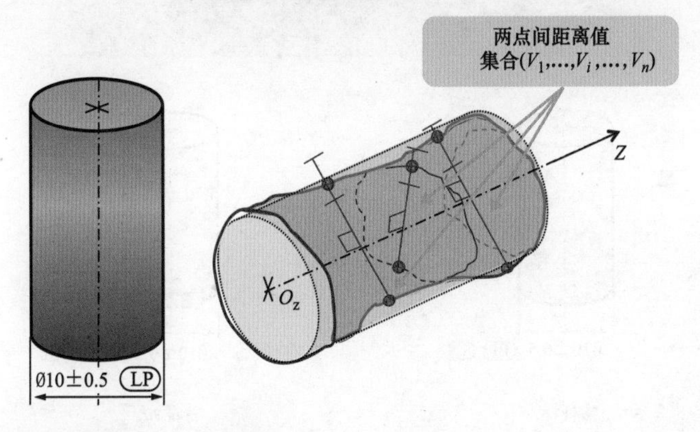


局部尺寸值——折线图：

$Z$轴：沿$Z$轴的尺寸测量点（$T_1$，$T_2$，…，$T_i$，…，$T_n$）

$V$轴：尺寸值（$V_1$，$V_2$，…，$V_i$，…，$V_n$）

从一组尺寸值中获得排序尺寸。

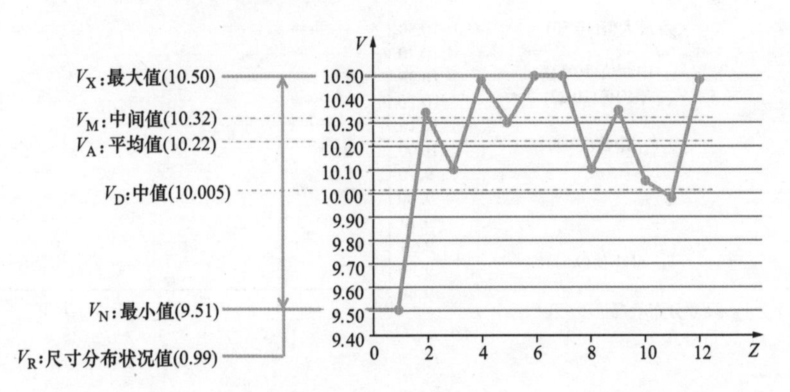


排序尺寸SX SM SA SD SN SR

## 最小尺寸(SN)（排序尺寸）

## 最大尺寸(SX)（排序尺寸）

[ISO 14405-1:2010]

3.11.2.2.1

最大值(SX)

3.11.2.2.2

最小值(SN)

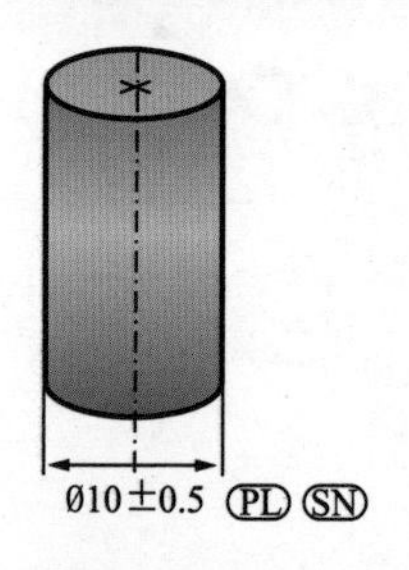


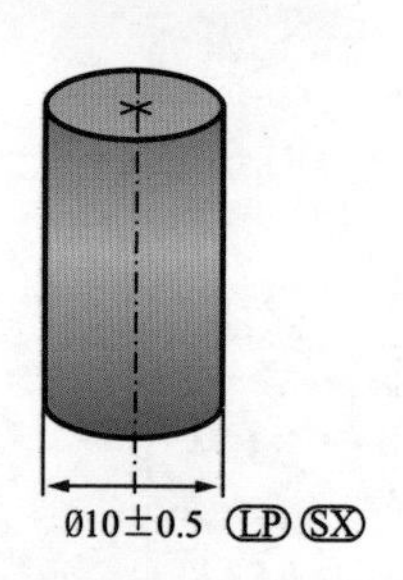


特征：$d_i$
分布状况：$9.5 \leqslant V_N \leqslant 10.5$

特征：$d_i$
分布状况：$9.5 \leqslant V_X \leqslant 10.5$

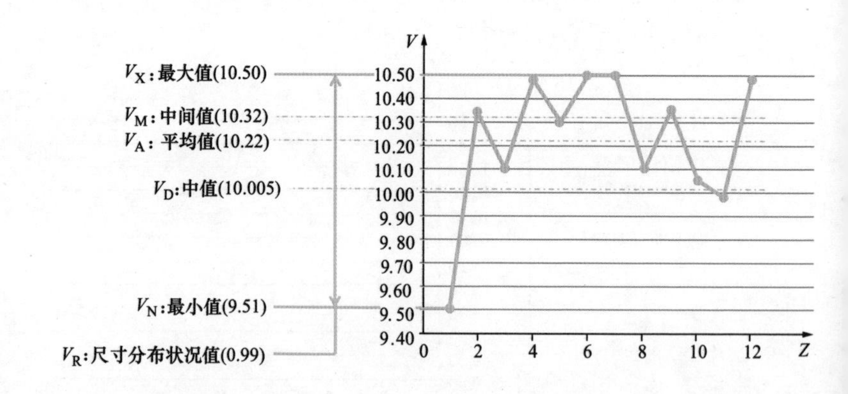

## 平均尺寸(SA)（排序尺寸）

## 中间尺寸(SM)（排序尺寸）

[ISO 14405-1:2010]

3.11.2.2.3

平均尺寸 (SA)

3.11.2.2.4

中间尺寸 (SM)的取值分为两个相等部分

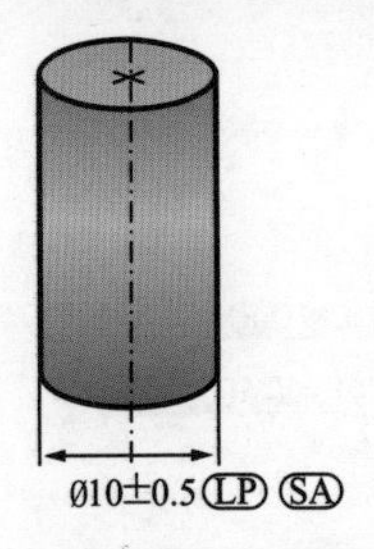


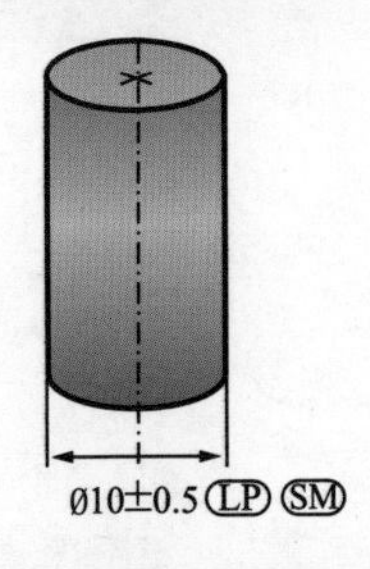


特征：$d_i$
分布状况：$9.5 \leqslant V_A \leqslant 10.5$

特征：$d_i$
分布状况：$9.5 \leqslant V_M \leqslant 10.5$

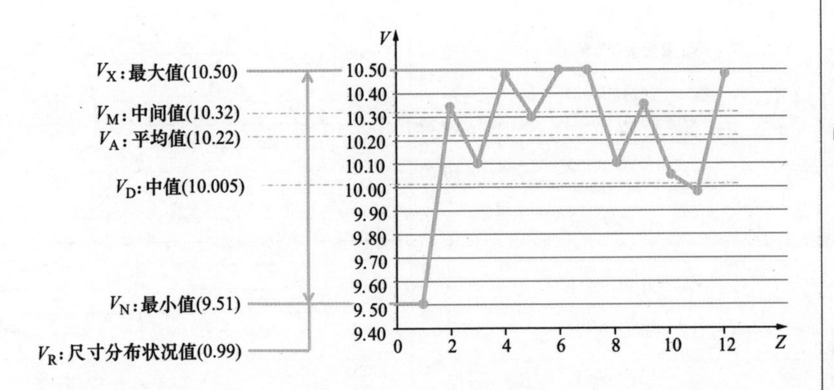

## 中值尺寸Ⓢ(SD)（排序尺寸）

## 尺寸范围(SR)（排序尺寸）

［ISO 14405-1:2010］

3.11.2.2.5
中值尺寸 (SD)
3.11.2.2.6
尺寸分布状况 (SR)

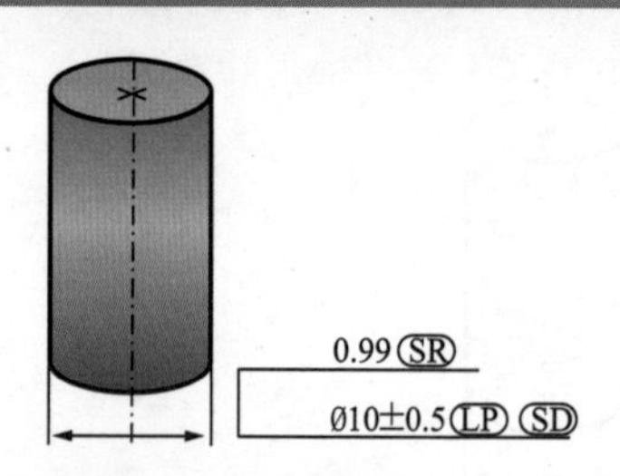


特征：$d_i$
分布状况：$9.5 \leqslant V_D \leqslant 10.5$，且$V_R \leqslant 0.99$

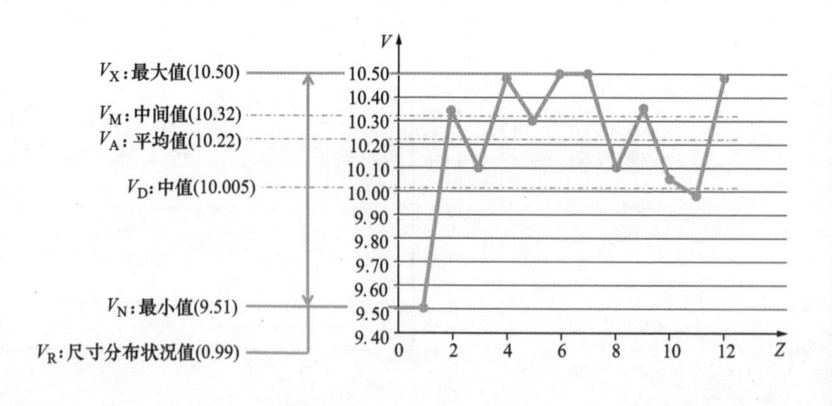

# 尺寸还是距离?

## 定义

**（提取特征的）局部线性尺寸**：两点间的距离或由球体定义的局部尺寸。

尺寸只能由尺寸要素决定

**距离**：两个要素间的尺寸值。

距离可以指两个内接要素之间、一个内接要素和一个导出要素之间或两个导出要素之间的对值。

距离包括线性距离和角度距离。

距离不是由尺寸要素定义的

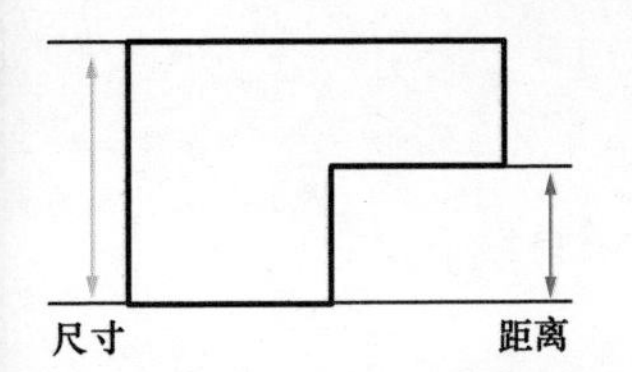


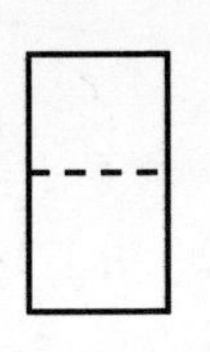

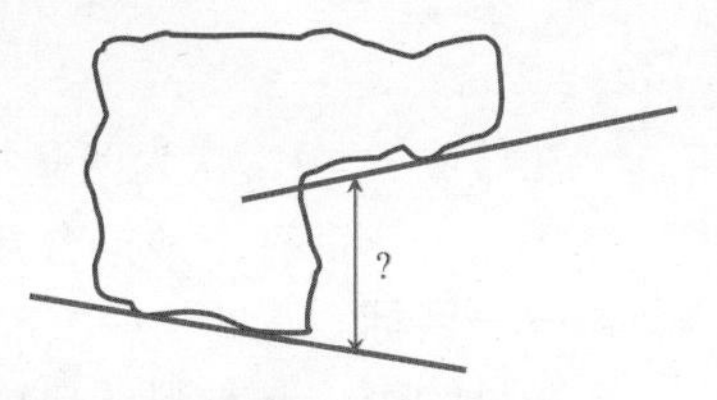


解码方案中的模糊性
不明确的语言代码

[ISO 14405-2:2011]

3.4 距离

# 角度尺寸

## 局部角度尺寸

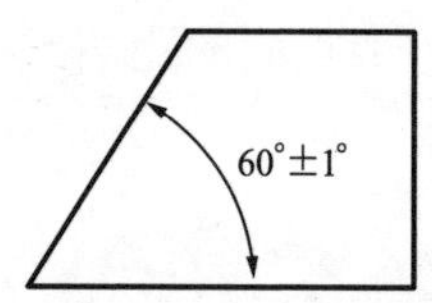

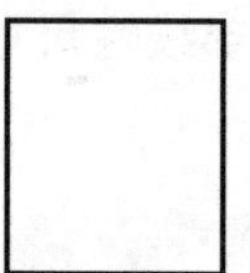

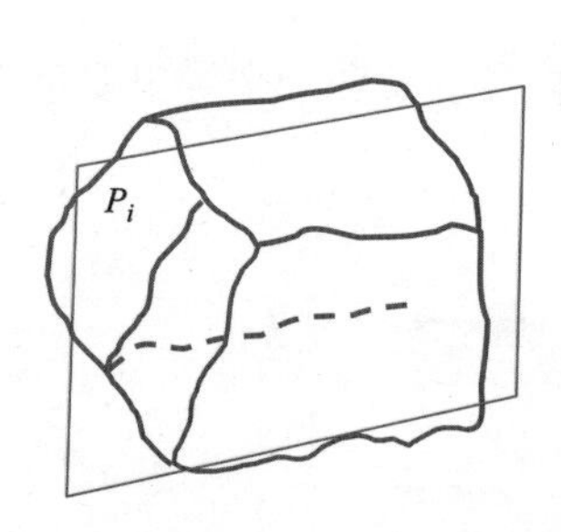

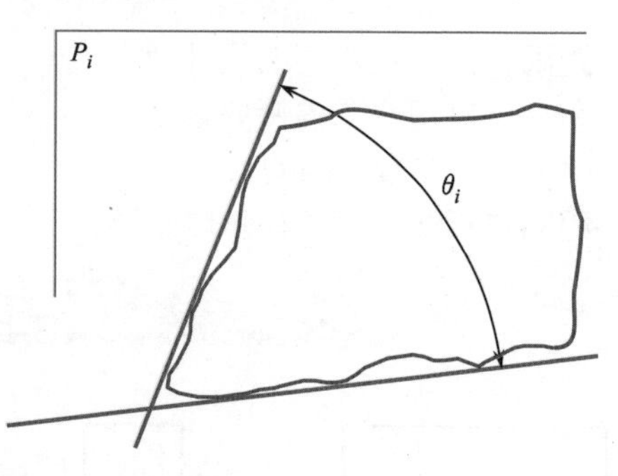


在截面 $P_i$ 中，认为两条提取线是直线。

每一条线都有一条拟合直线，并且这两条直线满足：

——**目标**：最小 - 最大准则；

——**约束**：与材料的自由表面相切。

局部角度尺寸的特征是由两直线测量得到的角度尺寸

对于一个指定的角度，角度公差能控制的只是直线或者表面上的线要素的方向，而不是它们的形状偏差。

从实际表面获得的线的方向为理想几何形状的接触线方向。

接触线与实际线之间的最大距离应为最小可能取值。

每个横截面的方向由两接触线的最小角度定义

注意：各横截面不一定相互平行。

[ISO 14405-2:2011]

5.1.2 角度公差

# 3 基准

# 基准体系是什么?

## 含义

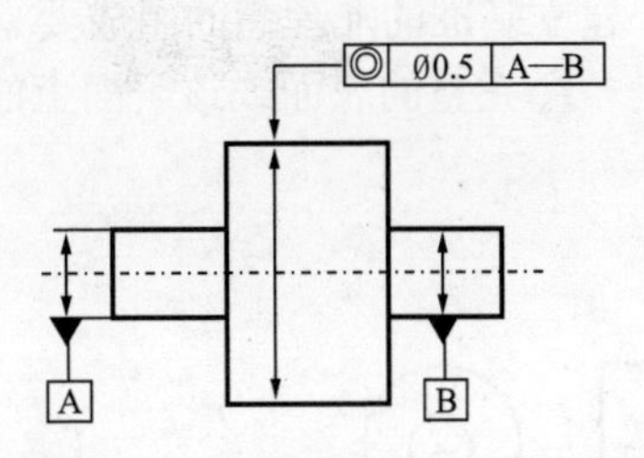


基准或基准体系是用一个理论的点、直线或者平面要素，在公差带或者测量上设定位置或者方向约束。

[ISO 5459:2011]

基准及基准体系

# 基准要素

## 定义

基准要素是用于建立基准的非理想的组成要素。

基准要素可以是一个完整的表面或该表面上的一部分，或者是尺寸要素。

**完整表面**

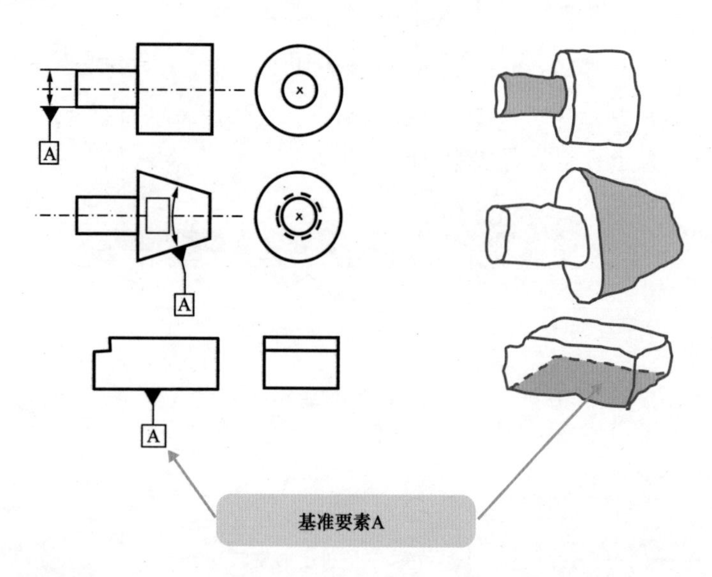


**部分表面**

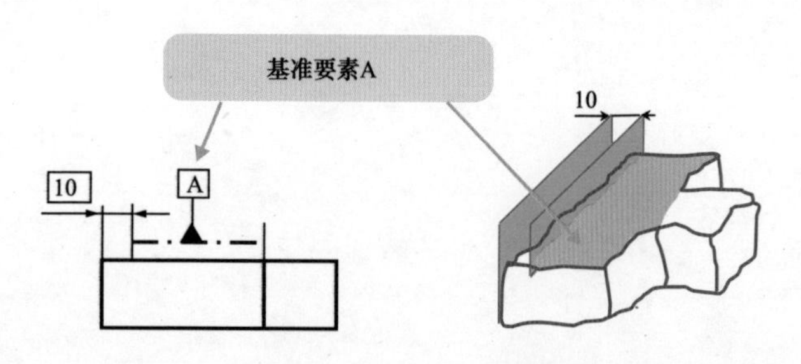

## 尺寸要素

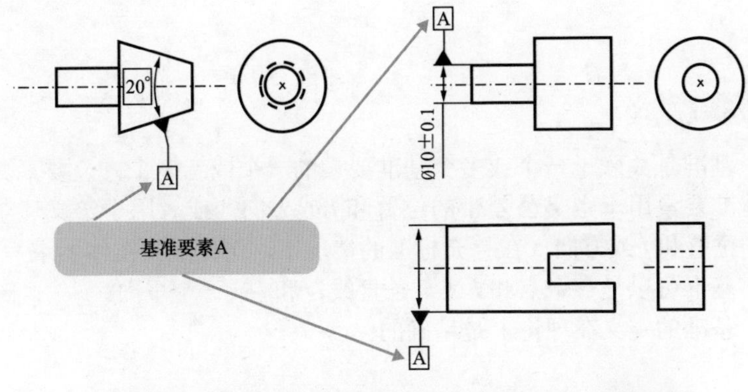


标准中规定不使用字母 *I*、*O*、*Q* 和 *X*

## 基准三角形

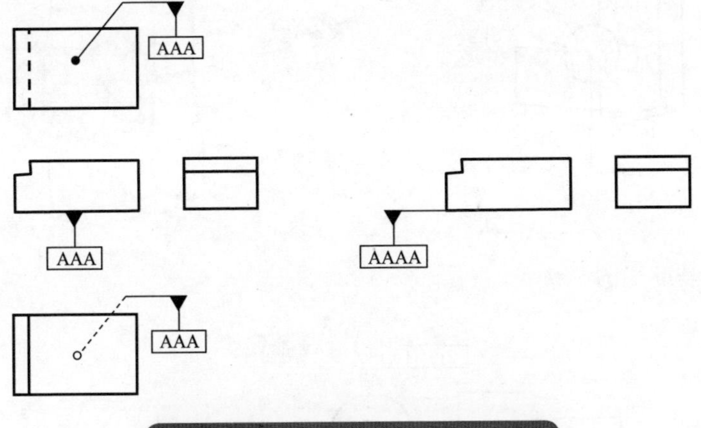


实心或者空心三角形的意义相同

[ISO 5459:2011]

7.2 基准要素的指示方法

7.2.1 基准要素字母指示

7.2.2 基准要素字母符号

# 基准

## 定义

基准是关联于一个或多个基准要素的一个或者多个方位要素。这些基准要素用于定义公差带的位置和 / 或方向，或者用于定义理想要素的位置和 / 或方向（在补充标准的情况下，例如最大实体要求）。

基准可以是一个点和 / 或一条直线，和 / 或一个平面。

基准的定义在理论上是精确的。

### 点基准实例

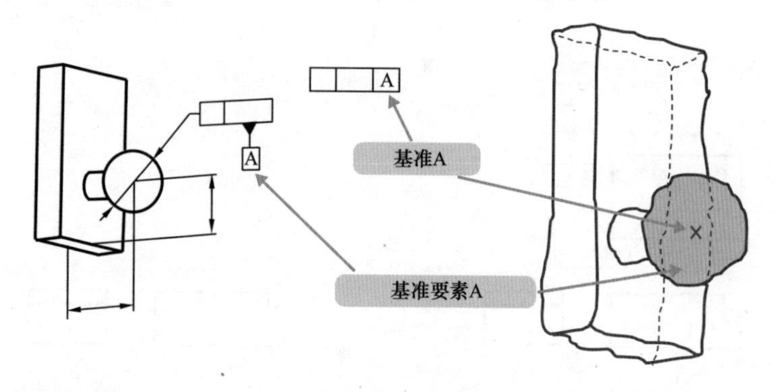


### 直线基准实例

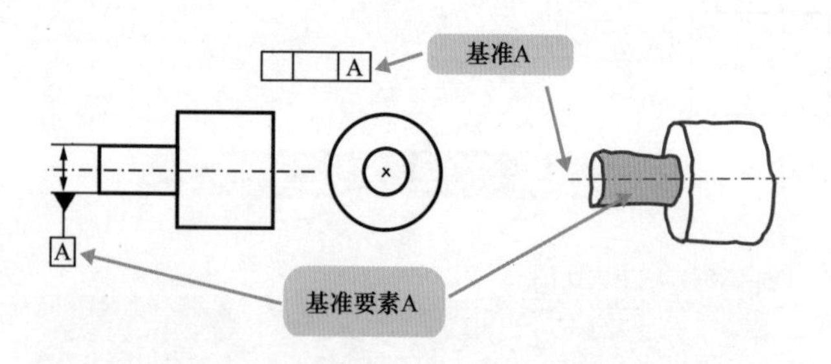

## 平面基准实例

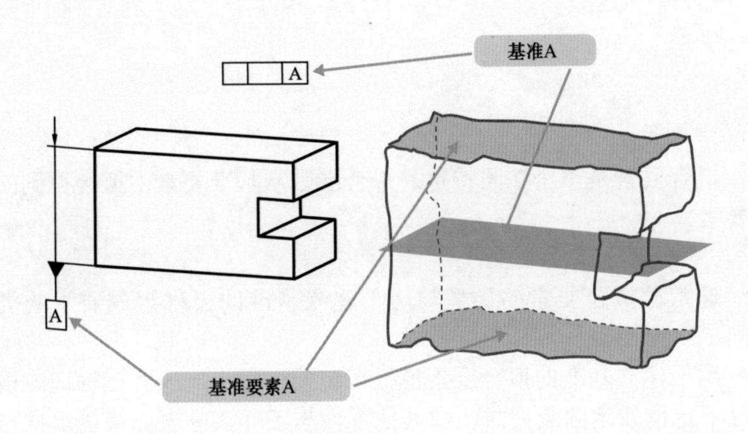


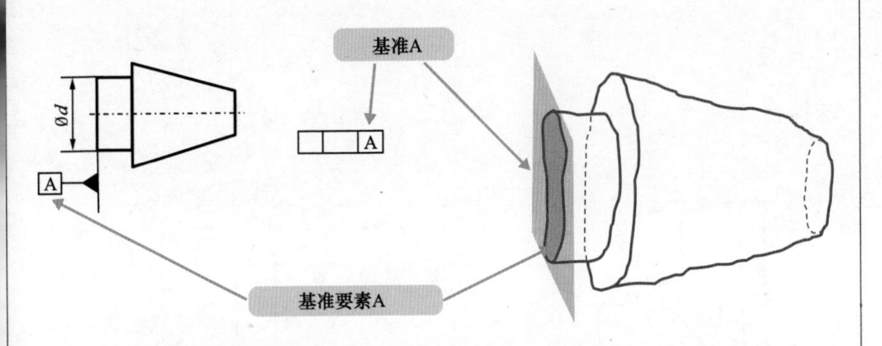


［ISO 5459:2011］

3.4. 基准

# 如何从基准要素中建立基准?

## 拟合要素

拟合要素是一个按照特定的拟合准则从基准要素中拟合得到的理想要素。

通常，拟合要素的类型与用于建立基准的公称组成要素的类型相同。

用于建立基准的拟合要素模拟在装配过程中，或者在制造或检验情况下定位或定向装夹时，像其他零件与工件实际表面接触那样与它接触。

### 拟合准则

**球拟合**

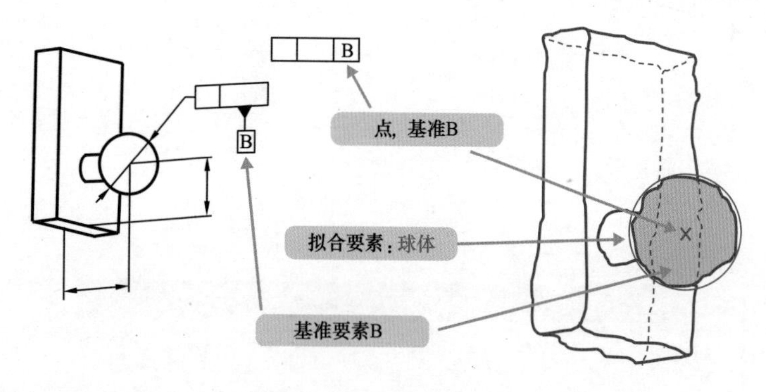


- **目标**：用最小外接球使拟合要素与基准要素 B 的距离最小。
- **约束**：材料外部接触。
- **方位要素**：拟合球的球心（点）。

## 平面拟合

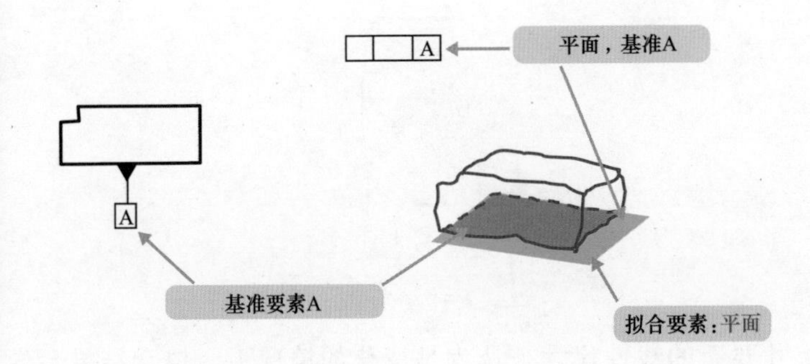


- **目标**：最小 - 最大准则（min-max）使拟合平面与基准要素之间的最大距离最小化。
- **约束**：材料外部接触。
- **方位要素**：对应于拟合平面的平面。

## 圆柱拟合

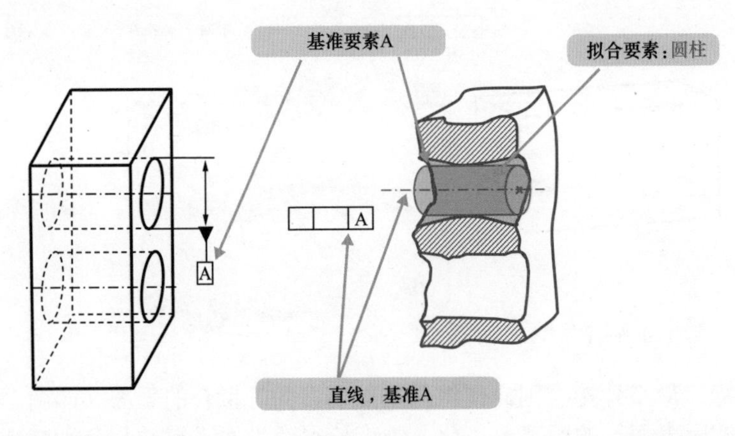


- **目标**：最大内接尺寸。当存在多解情况时，对拟合要素和基准要素 A 应用最小 - 最大准则。
- **约束**：材料外部接触。
- **方位要素**：拟合圆柱的轴线（直线）。

## 拟合的多基准问题实例有哪些?

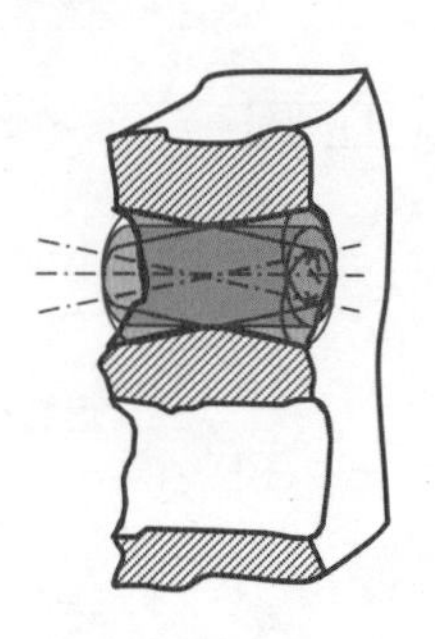

在尺寸要素的线性尺寸被认为是变化的情况下，拟合结果会导致同一个基准要素出现不同的结果（“不稳定拟合”）。在这种情况下，应当添加补充约束来使被拟合要素与基准要素（即对应的实际表面）或者两拟合要素和基准要素间（这样的实例包括两平行平面）的最大距离最小化。

## 双平面拟合

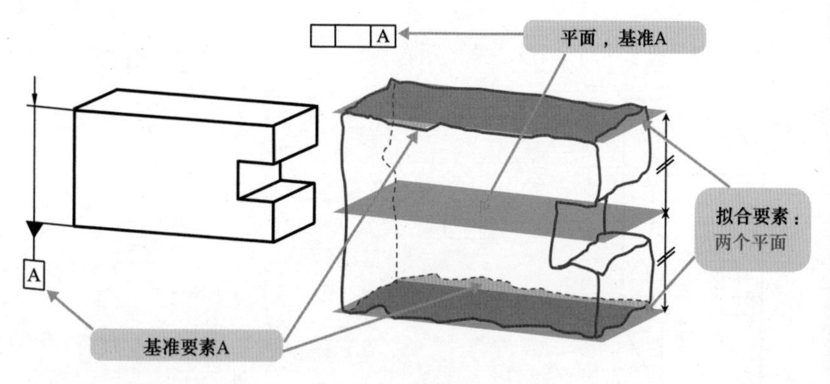


- **目标**：最小外接准则，使得两基准要素同时拟合的平面（即两个对应实际表面）的距离最小化。约束使得两平面平行并且分别相切于它们的基准要素。
- **约束**：材料外部接触。
- **方位要素**：两个拟合平面的中间平面。

## 锥体拟合

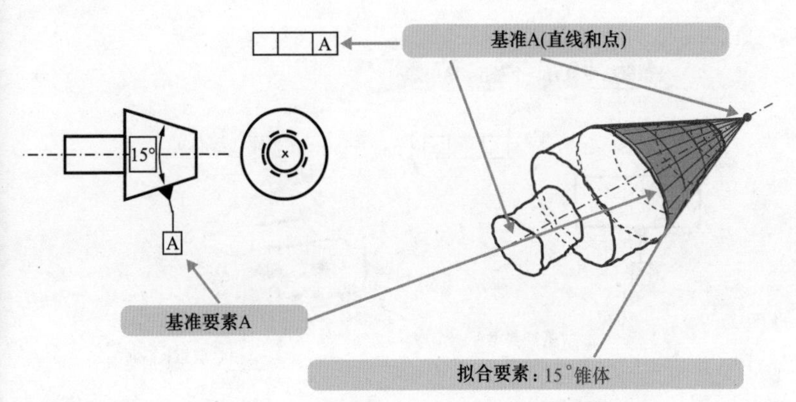


- **目标**：最小外接准则，使得拟合圆锥与基准要素外接，其顶点距离最小化。
- **约束**：材料外部接触。
- **方位要素**：拟合圆锥的轴线（直线）和顶点（点）。

## 圆拟合

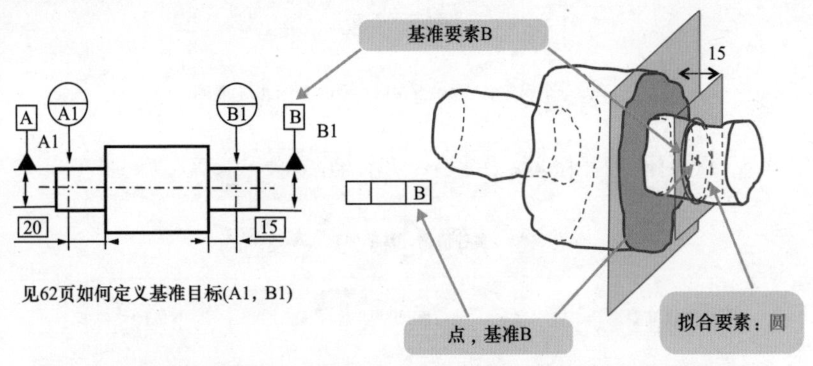


见62页如何定义基准目标(A1，B1)

- **目标**：最小外接准则，使得拟合圆与基准要素外接，其直径最小化。
- **约束**：材料外部接触。
- **方位要素**：拟合圆的圆心（点）。

［ISO 5459:2011］

单一基准默认拟合原则描述

功能 - 目标 - 约束 - 方位要素

## 单一基准

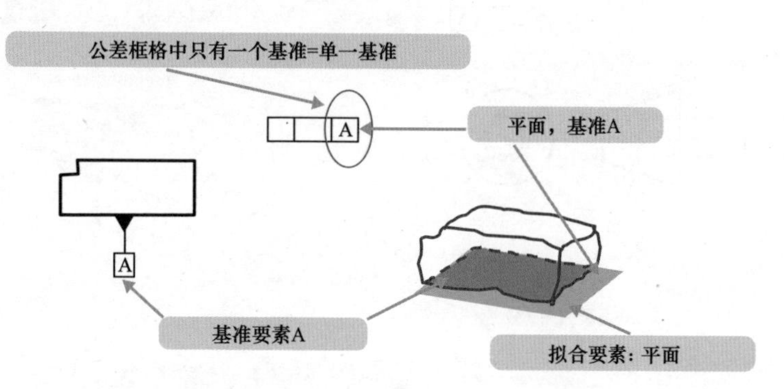


单一基准是建立在从单一表面或者从一个尺寸要素上提取的基准要素上的基准。对应的表面或者尺寸要素可以是复合面、柱面、螺旋面、回转面、平面或者球面。

### 方法

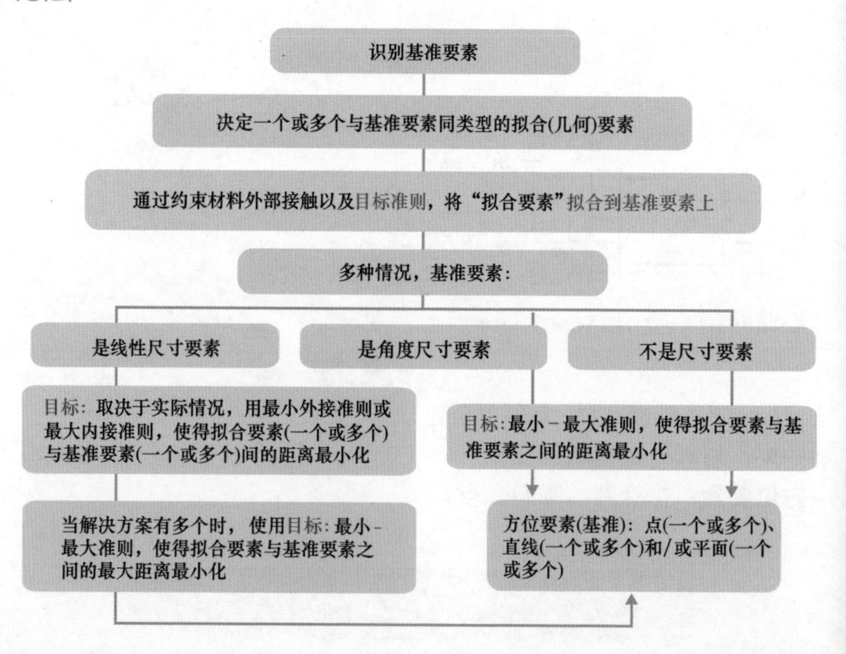

## 基准体系

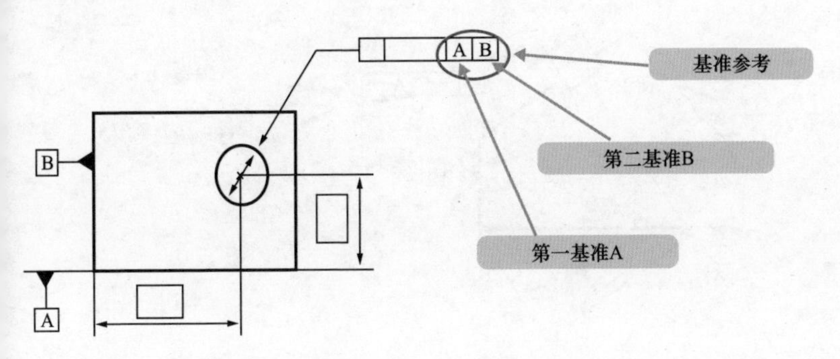


基准体系是基于按某种顺序排列的至少两个单一基准要素建立起来的。排序第一的基准记作“第一基准”，第二个记作“第二基准”，第三个记作“第三基准”。

此顺序定义了拟合操作的方向约束。

> 第一基准为第二和第三基准施加了方向约束
> 第二基准为第三基准施加了方向约束

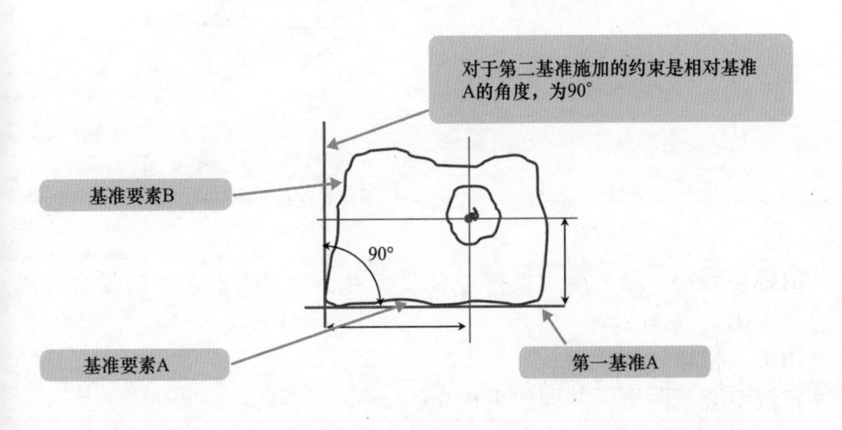

## 公共基准

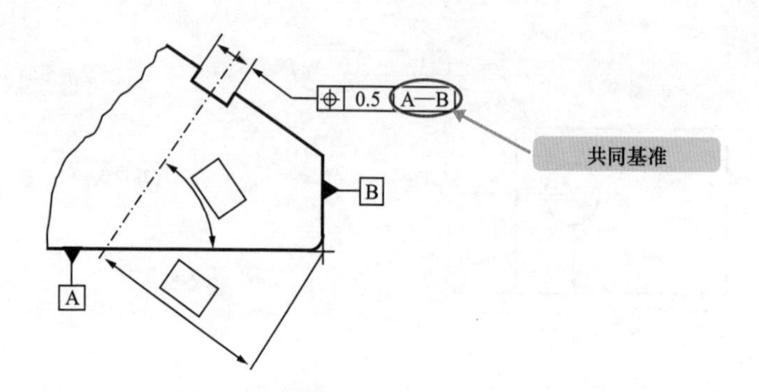


公共基准是在同时考虑的多个基准要素中建立的。要素集合引出的内部特征应当被认为在线性和角度尺寸上是理论精确的。

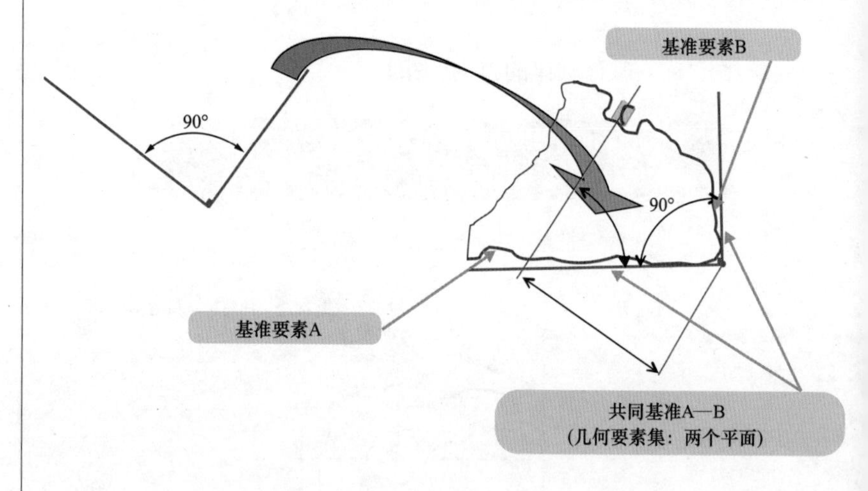


- **目标**：最小 - 最大准则使得拟合要素用于基准要素之间的最大距离最小化。
- **约束**：材料外部接触。
- **方位要素**：两平面共同约束在 90°。

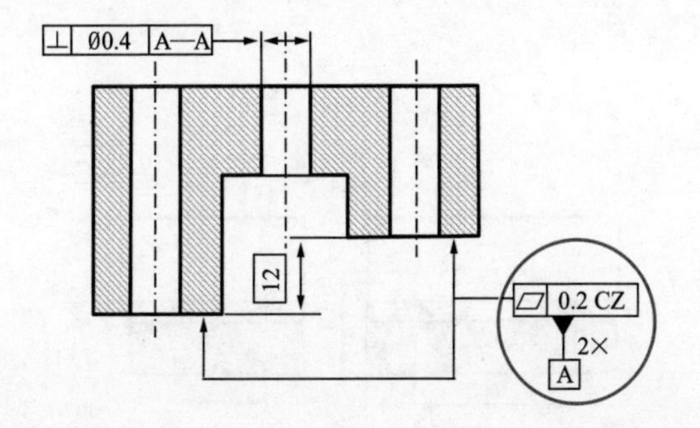


在公共基准的情况下，可用于简化制图说明的选择如下：

——只使用一个要素说明符号；

——在公差框格中使用两个用连字符连接起来的相同字母；

——在基准要素说明符号右侧添加对应于表面数量 $n$ 的补充说明符号“$n$×”指向这些表面中的一个。

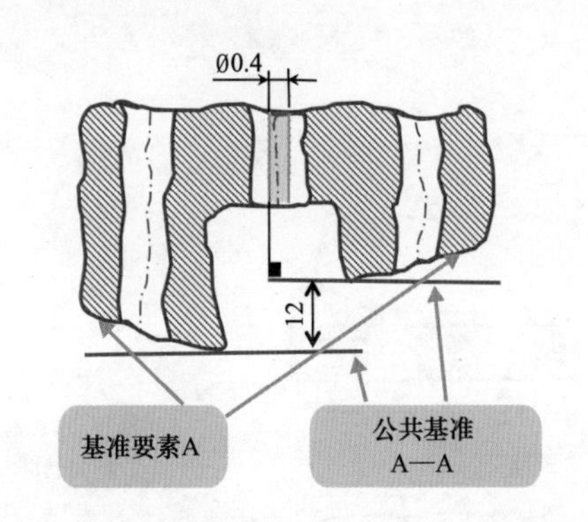


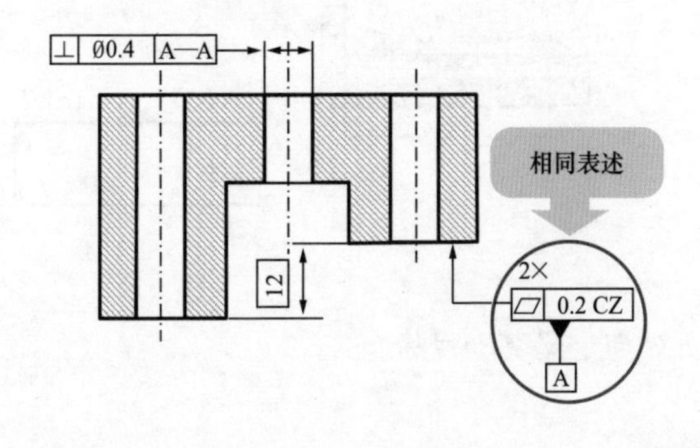

## 基准目标

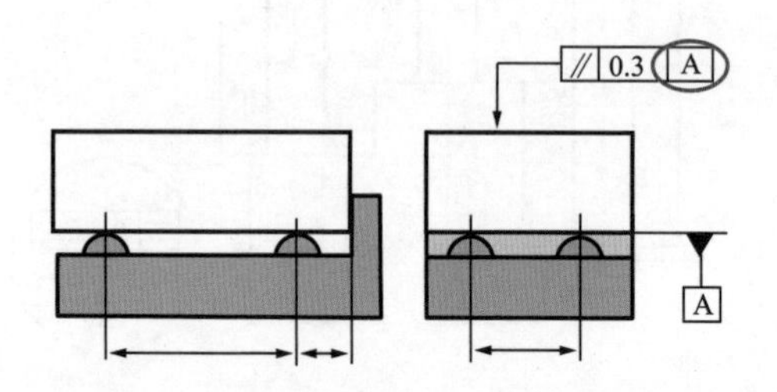


当不使用完整表面时，需要将表面（表面、线或者点）上的使用部分指出，同时指出对应的尺寸大小和位置。这些部分叫作基准目标。作为测量依据，它们通常模拟工件上平面的部分与一个或多个理想要素（对应于装配接触要素或者装夹要素）之间的接触。

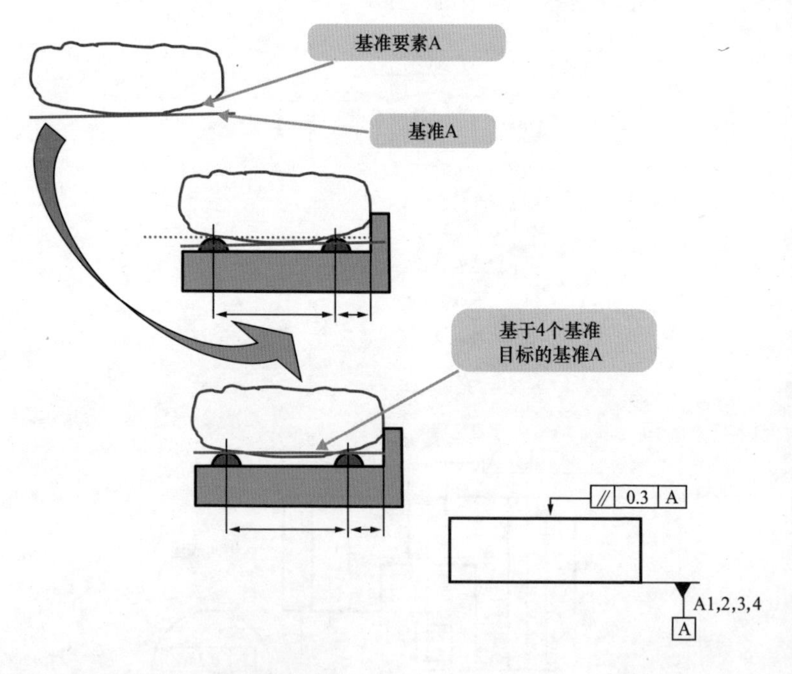


*见 69 页如何定义基准目标*

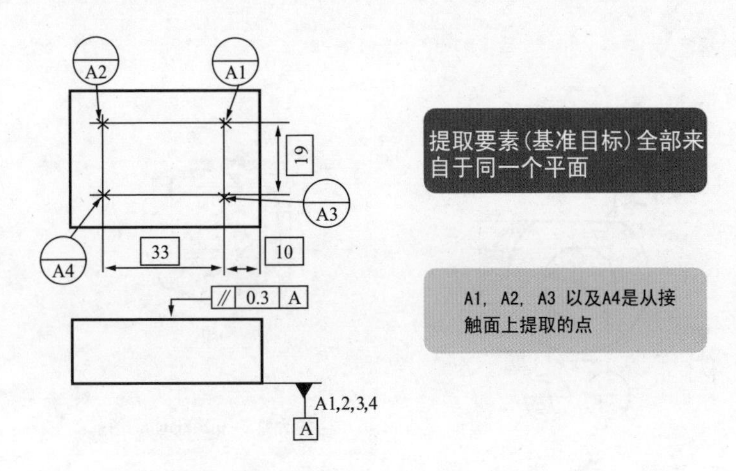


*表达：见 68 页最后一图*

[ISO 5459:2011]

6.2.3 基准目标

6.2.3.1 背景

## 可移动基准目标

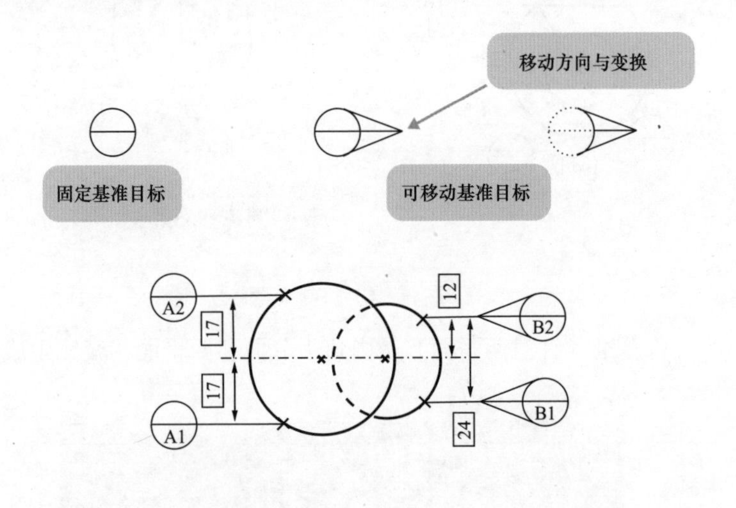

## 基准附加符号

### [CF] 接触特征符号

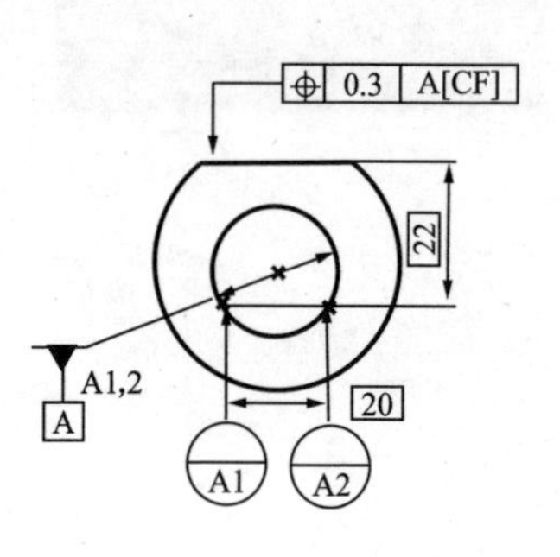


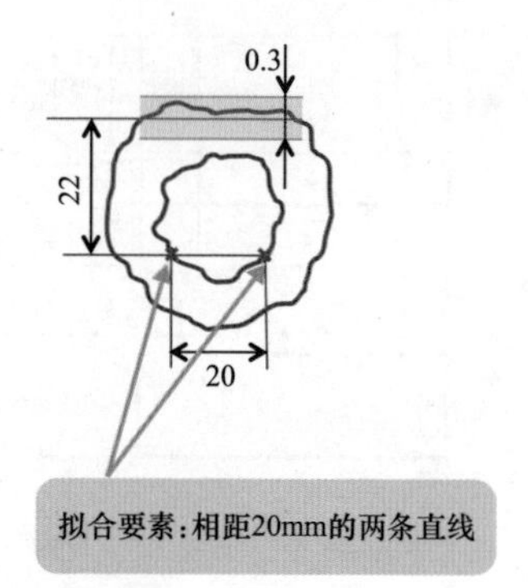


基准A:两条直线

等价基准（针对两条直线）是由一个平面（由两条直线确定）与中间直线生成的。

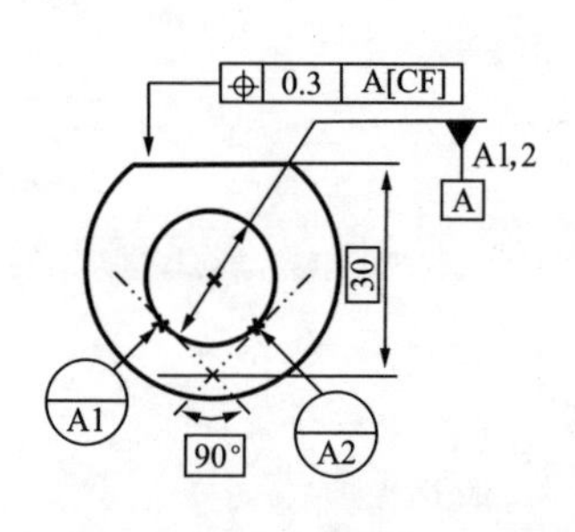


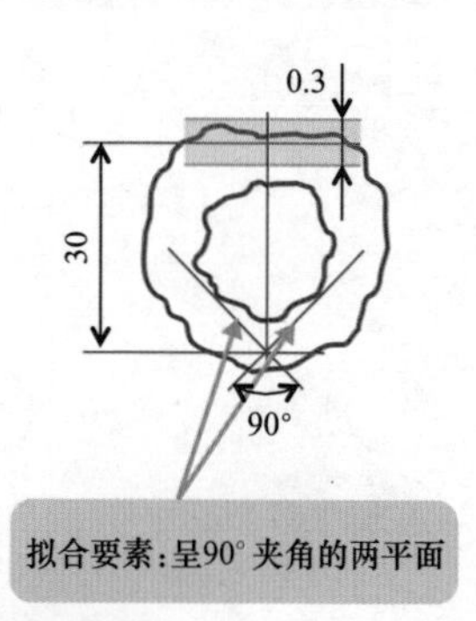


基准A:两平面

等价基准（针对两平面）是由角平分面和两平面相交线生成的。

[ISO 5459:2011]

7.4.2.5
规则 5— 其他类型拟合要素［CF］
接触要素

## 无附加符号

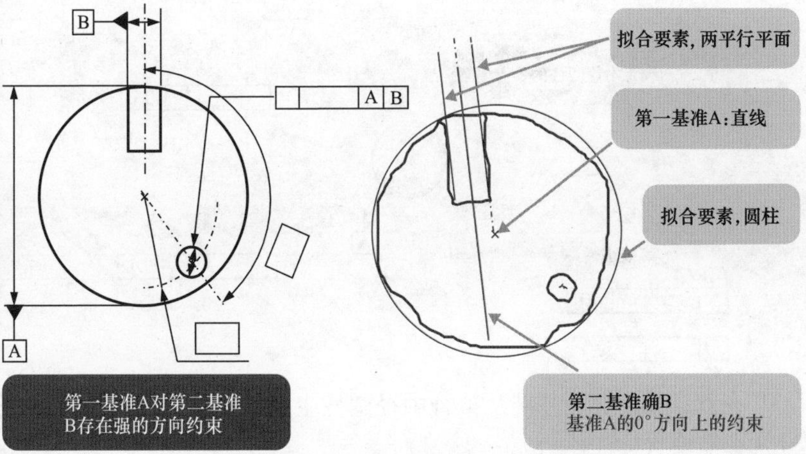

B

A | B

A

拟合要素，两平行平面

第一基准A：直线

拟合要素，圆柱

第一基准A对第二基准B存在强的方向约束

第二基准确B
基准A的0°方向上的约束

## [DF]

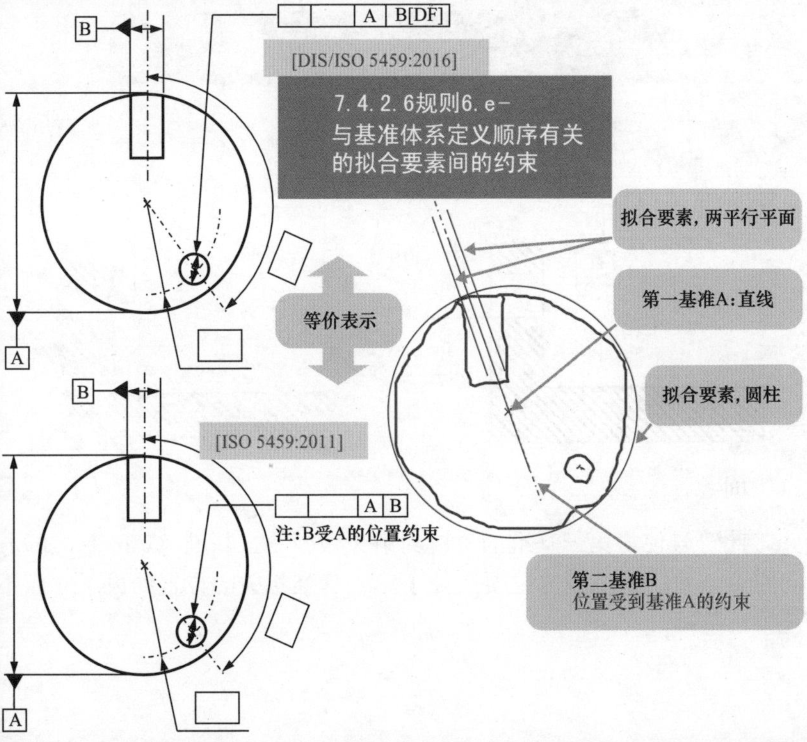

B

A | B[DF]

[DIS/ISO 5459:2016]

7.4.2.6规则6.e-
与基准体系定义顺序有关的拟合要素间的约束

A

等价表示

拟合要素，两平行平面

第一基准A：直线

拟合要素，圆柱

B

[ISO 5459:2011]

A | B

注：B受A的位置约束

A

第二基准B
位置受到基准A的约束

## [PD]，[LD] 和 [MD]

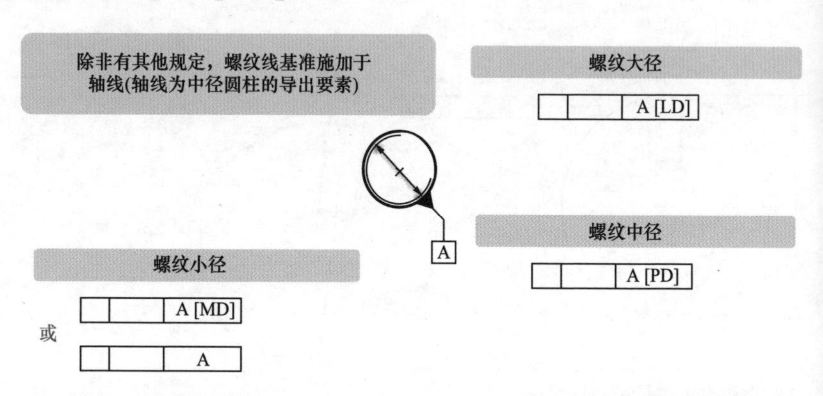


在默认情况下，基准从拟合中径圆柱生成，在此情况下［PD］符号就不需要再标注。

［ISO 5459:2011］

7.4.2.1
规则 1 — 单一要素，螺旋表面

## >< 位置约束失效符号

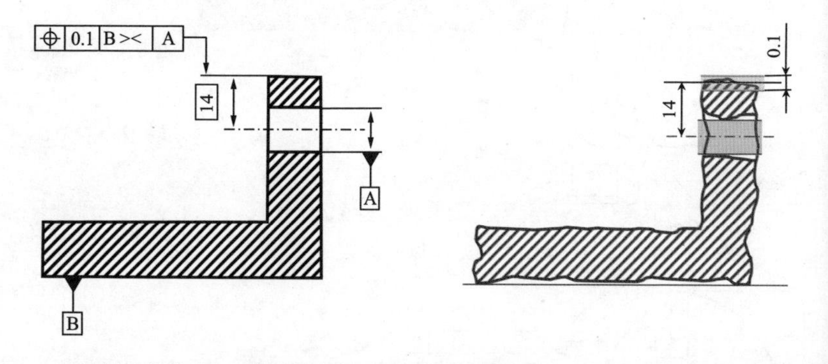


此符号使得第一基准的位置约束失效。第二基准与第一基准的方向约束一致。规范的方位要素处于第二基准相关的位置约束下（而不是第一基准）。

## [PL], [SL], [PT] 补充说明

如果需要对应于单一或者公共基准的全部方位要素，则不需要在公差框格中的基准符号上添加额外的补充说明。

如果并不需要全部对应于单一或者公共基准的方位要素，除了根据标准可以明显得到方位要素的情况外，都要给在公差框格中的字母添加一个补充说明。

- 补充说明［PL］表示“平面”，假定需要的是平面方位要素。
- 补充说明［SL］表示“直线”，假定需要的是直线方位要素。
- 补充说明［PT］表示“点”，假定需要的是点方位要素。

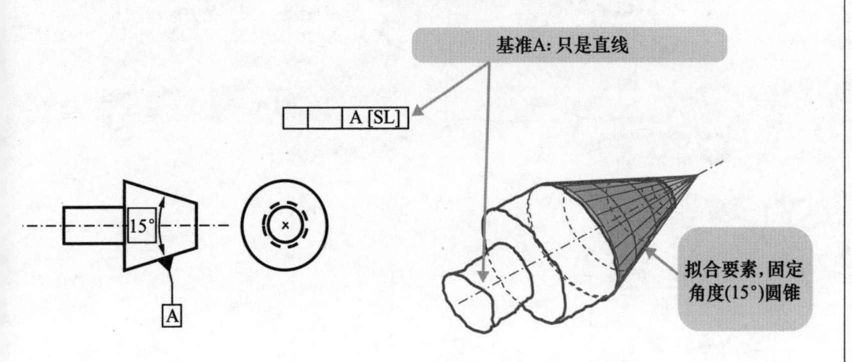

## Ⓟ延伸基准

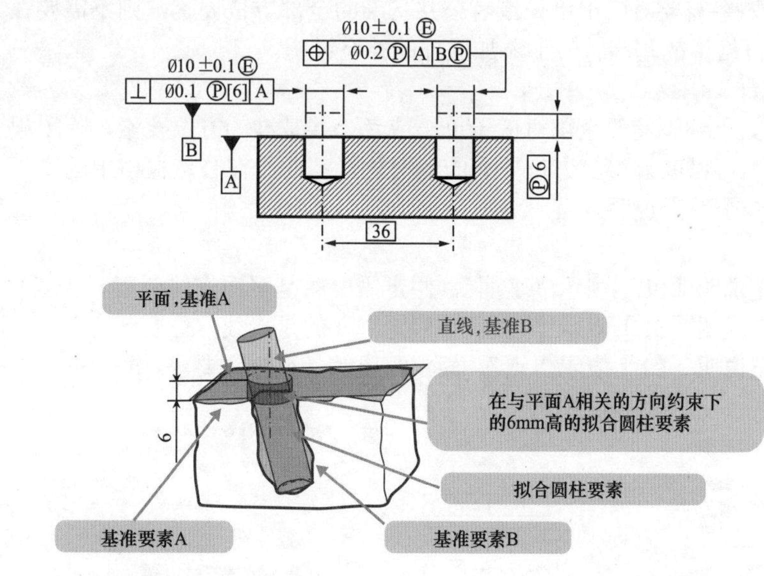

Ø10 ±0.1Ⓔ
⊥ Ø0.1 Ⓟ[6] A
B
A
Ø10±0.1 Ⓔ
⊕ Ø0.2 Ⓟ A BⓅ
Ⓟ6
36
平面,基准A
直线,基准B
在与平面A相关的方向约束下
的6mm高的拟合圆柱要素
6
拟合圆柱要素
基准要素A
基准要素B


## [DV] 变量距离

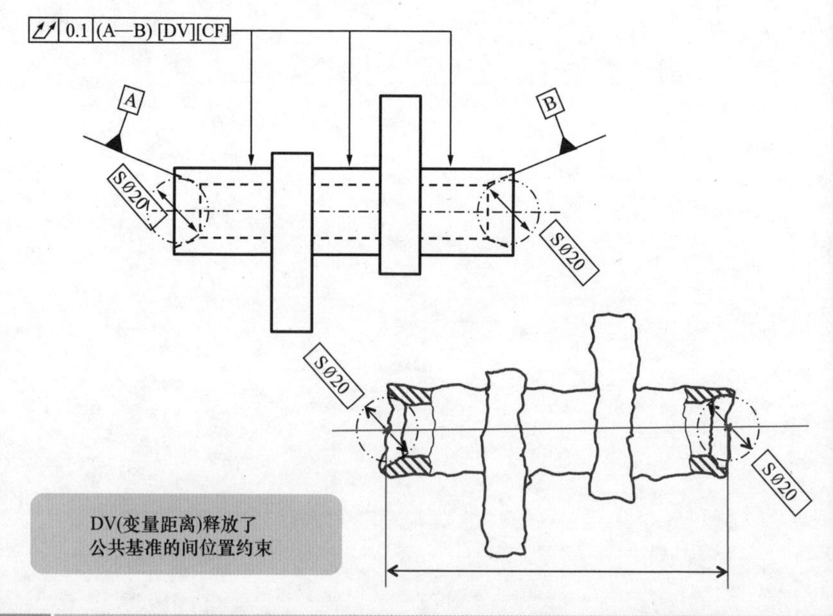

0.1 (A—B) [DV][CF]
A
B
SØ20
SØ20
SØ20
SØ20
DV(变量距离)释放了
公共基准的间位置约束

## [ALS]任何纵截面

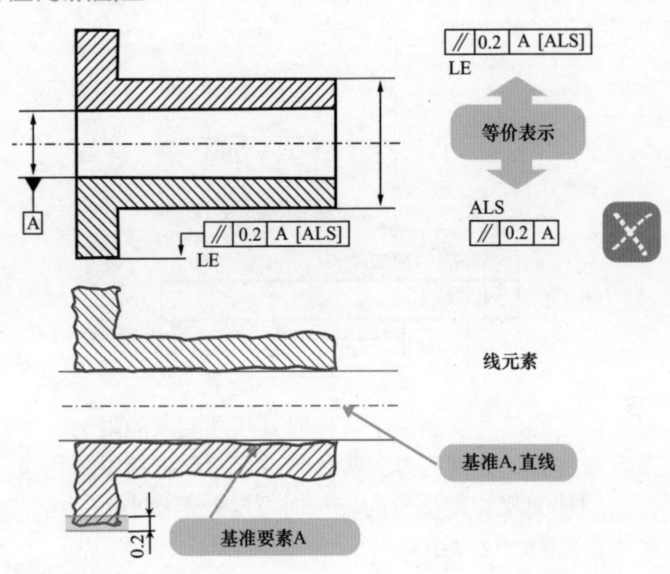


## [ACS]任意截面

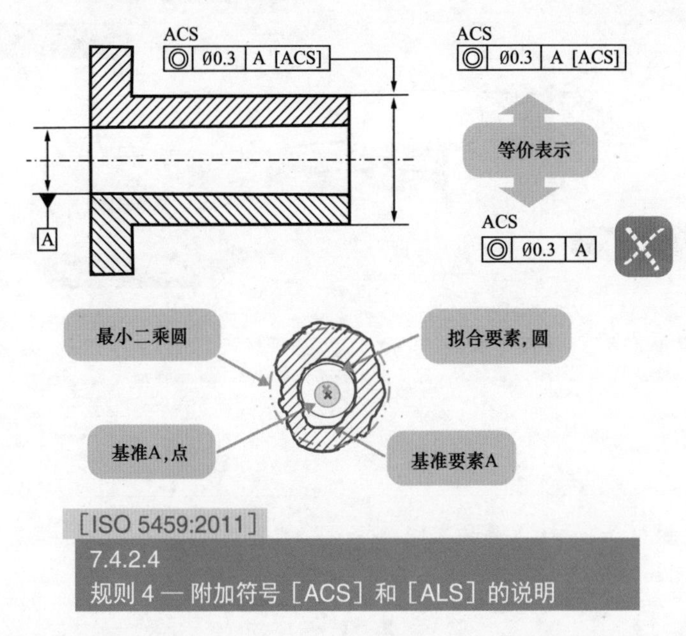


[ISO 5459:2011]

7.4.2.4
规则 4 — 附加符号［ACS］和［ALS］的说明

Ⓛ最小实体要求
Ⓜ最大实体要求

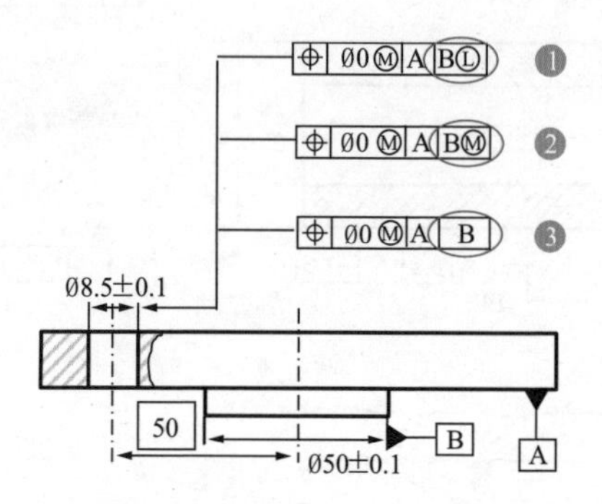


1. 拟合圆柱的尺寸受到最小实体时效尺寸要求的限制。

2. 拟合圆柱的尺寸受到最大实体时效尺寸要求的限制。

3. 拟合圆柱的尺寸是可变的，从而可以处于最小外接方位，使得拟合要素和基准的距离最小化。

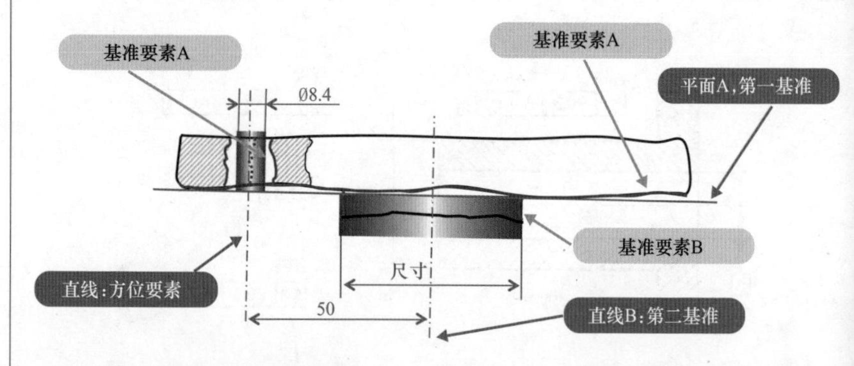


*更多信息见第5部分测量规范。*

# 4 公差带标注

# 公差带是什么?

## 定义

公差带就是指由在非理想表面模型上确定的几何要素通过操作而获得的特征定义尺寸分布状况的表达。

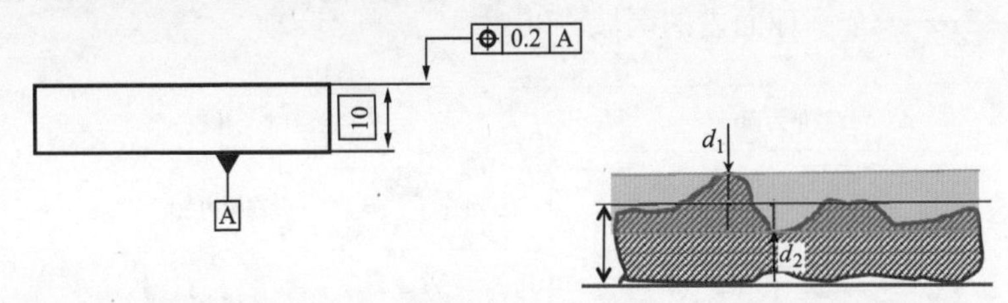


- 分布状况：max（$d_1$, $d_2$）≤ $t/2$（“$t$” 为公差，在本例中 $t$=0.2）。
- 尺寸：线性。
- 特征：max（$d_1$，$d_2$）。
- 操作：

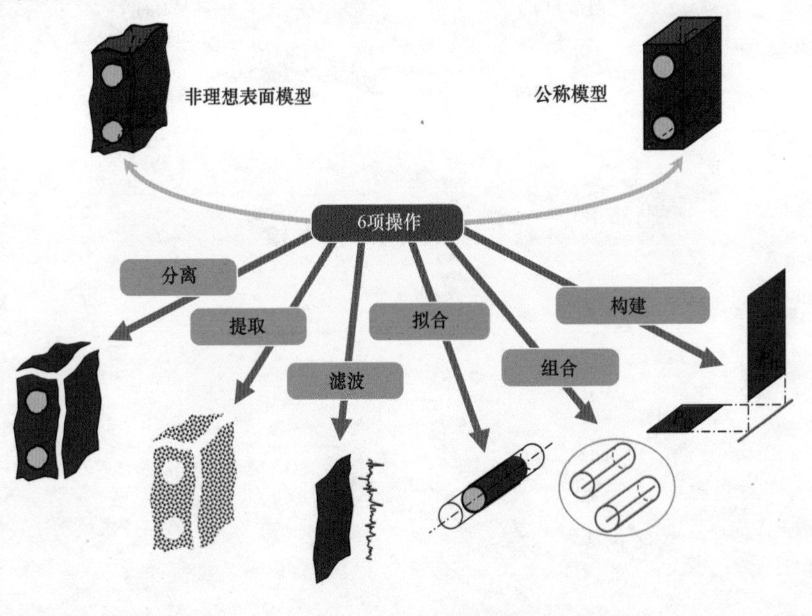

公差带是一个空间，其可以是：
——一个圆内的区域；
——两个同心圆之间的区域；
——两等距线或者两平行线间的区域；
——一个圆柱面内的区域；
——两同轴圆柱面间的区域；
——两等距平面或者两平行平面间的区域；
——一个圆球面内的区域。

| 公差带为面 | 公差带为体积 |
| --- | --- |
| 在圆内“Øt” | 在圆内“Øt” |
| | 球体内“Øt” |
| 两圆之间“t” | 两圆柱体间“t” |
| 两直线间“t” | 两平面间“t” |
| 两等距线间 | 两等距面间 |

[ISO 1101:2012]
4.4 公差带

## 体公差带

**公差要素是组成要素。**

公差带主要为体积。

### 在两平行平面间

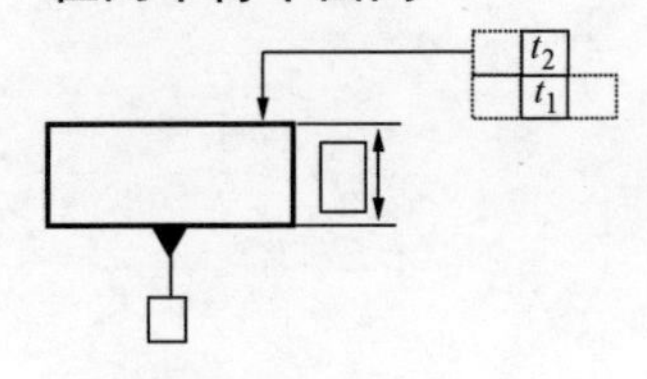


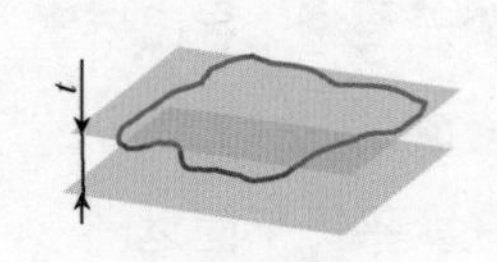


### 在两同轴圆锥间

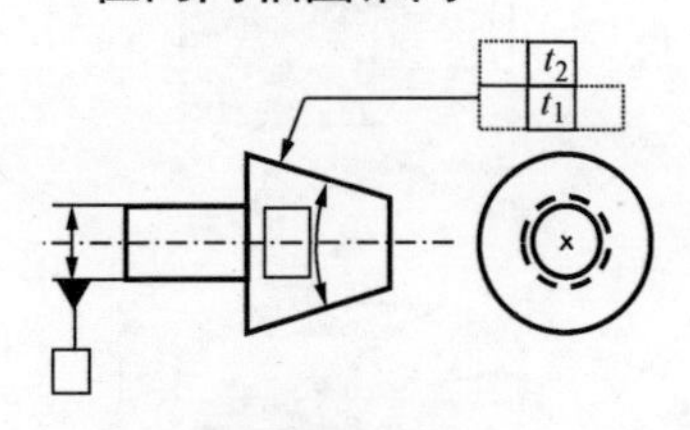


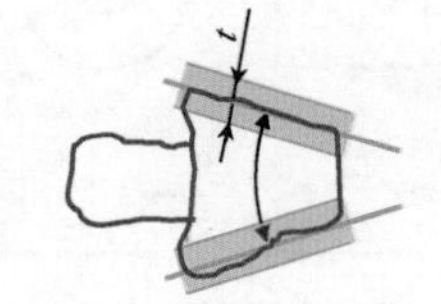


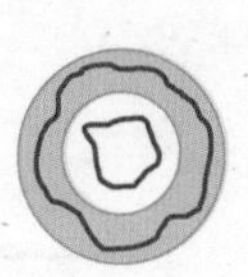

### 在两同轴圆柱间

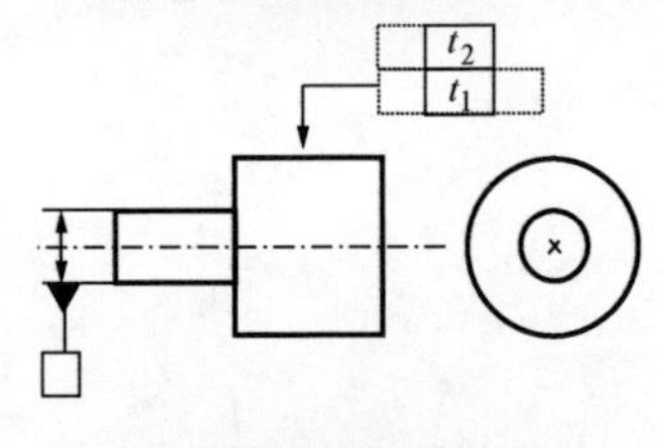


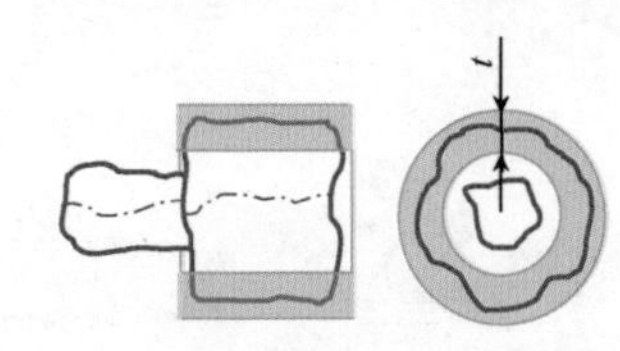


### 在任意两等距形状间

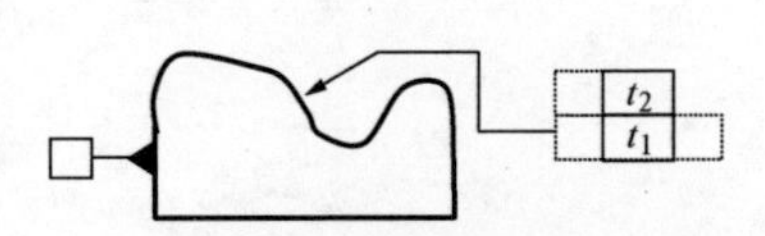


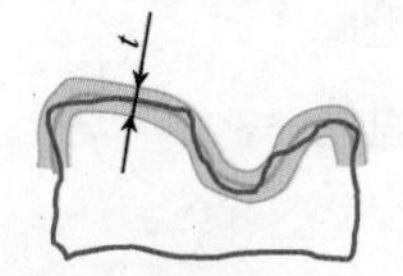


[ISO 1101:2012]

4.2 几何公差

针对要素的几何公差定义公差带，此要素应当被约束在此公差带内

[ISO 1101:2012; ISO 22432:2011]

4.3 要素
要素是工件的某一部分，例如点、线或面；这些要素可以是组成要素（例如圆柱体的外中间面）或者导出要素（例如中间线或者中间面）

**公差要素是导出要素。**

公差带为体积。

**在两平行平面之间**

**球体**

**圆柱体**

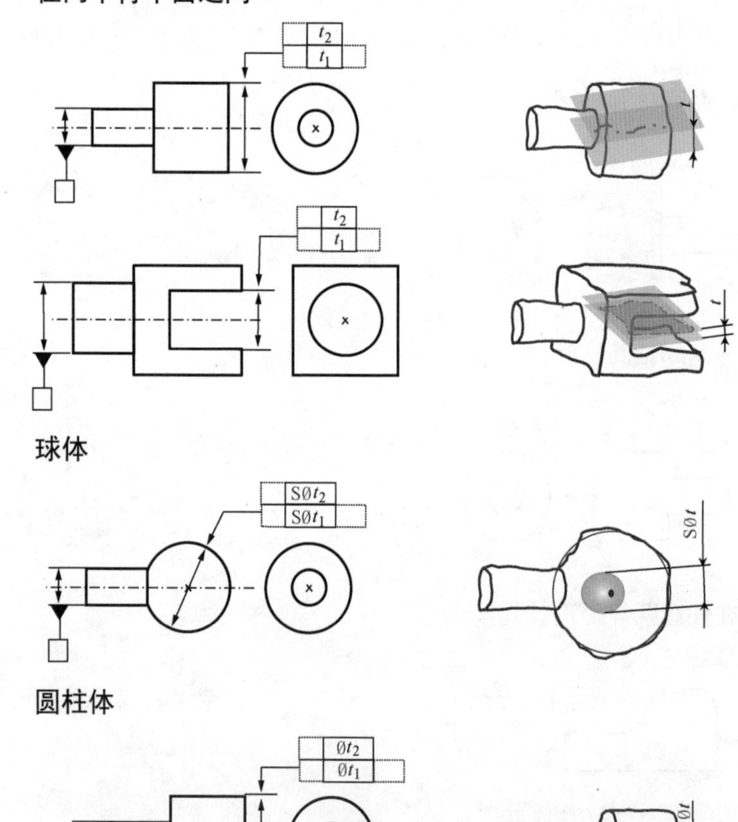

## 面公差带

**公差要素为组成要素。**

公差带为面。

**在两平行线间**

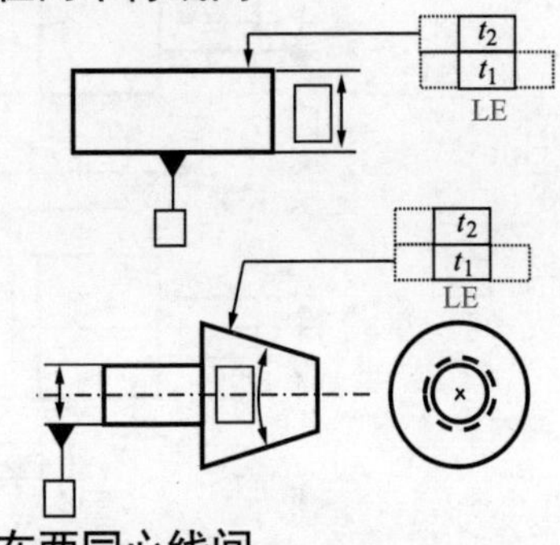


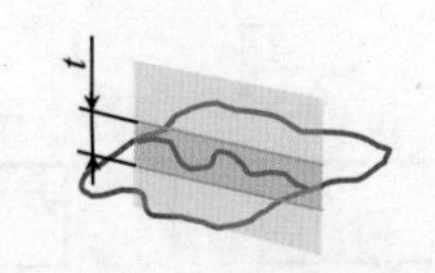


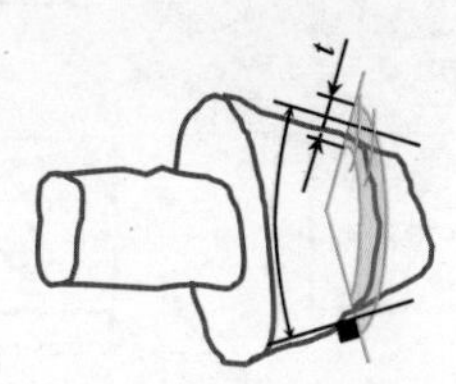


**在两同心线间**

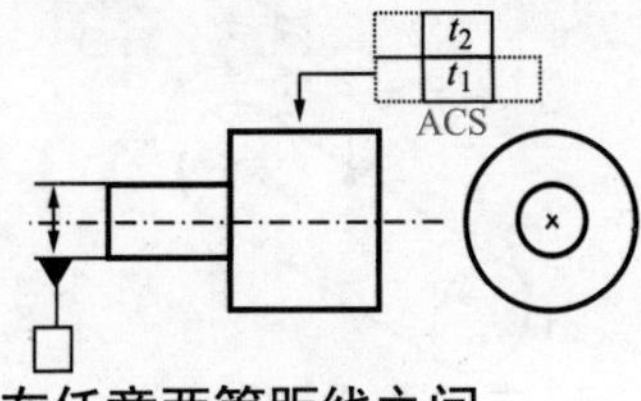


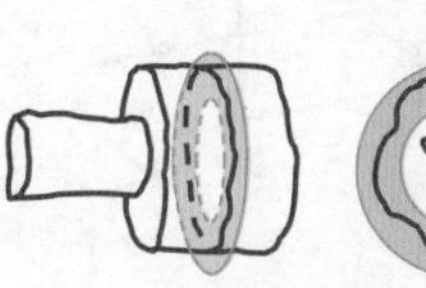

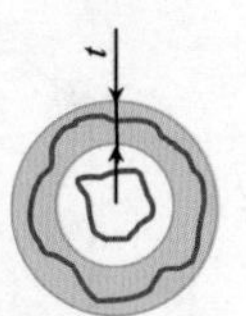


**在任意两等距线之间**

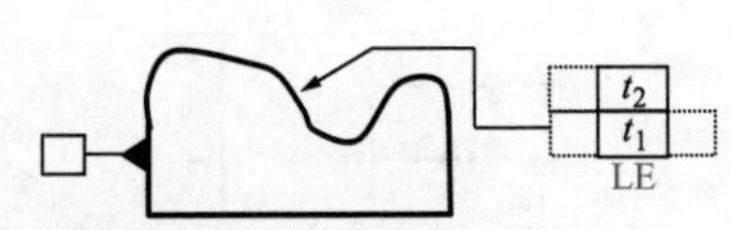


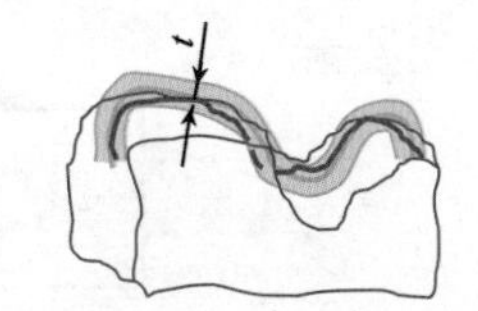


**公差要素是导出要素。**

公差带为面。

**圆盘**

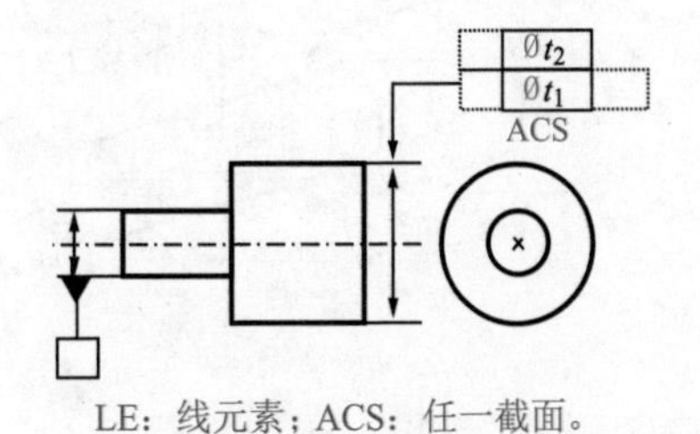


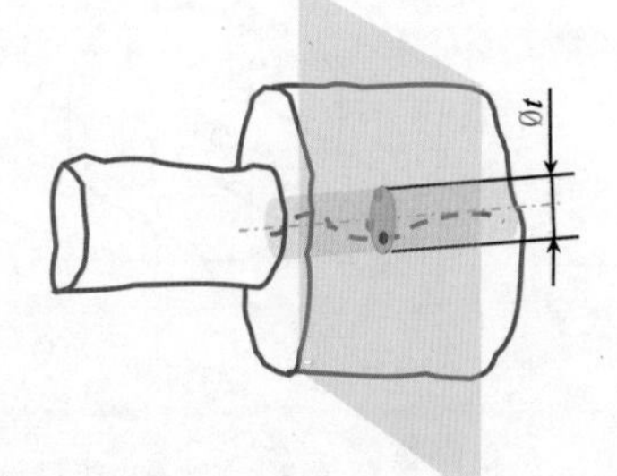


LE：线元素；ACS：任一截面。

## 箭头相关术语

### 组成要素

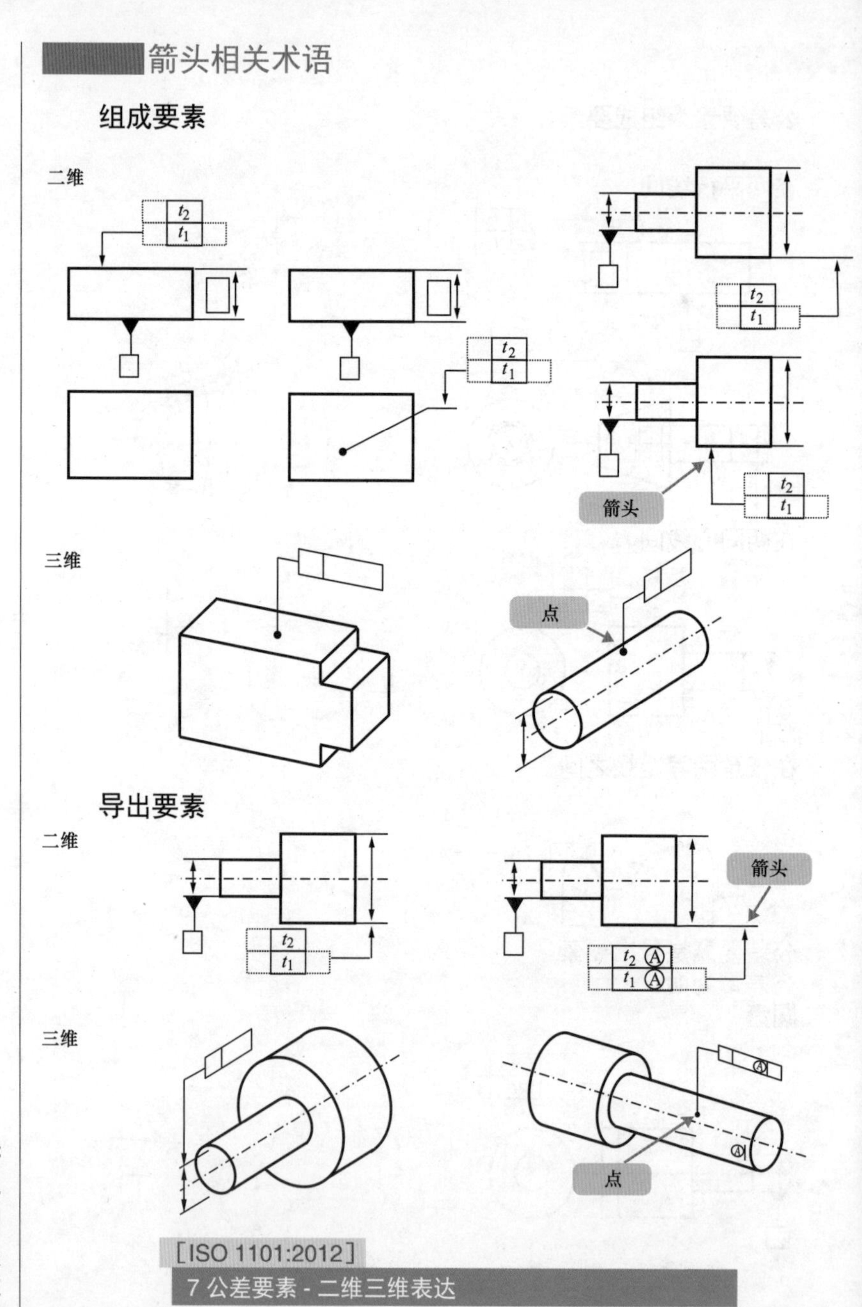


[ISO 1101:2012]

7 公差要素 - 二维三维表达

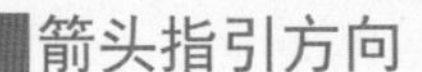

## 箭头指引方向

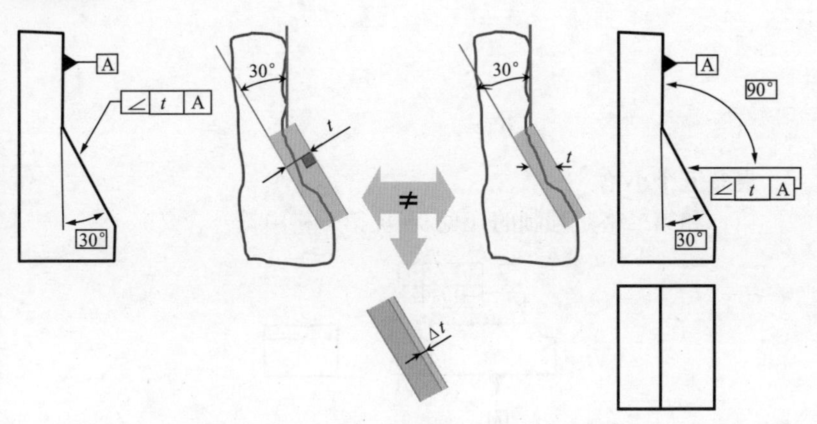


公差值大小定义了公差带的宽度。除非另有说明或者在圆特例等的情况下，此宽度适用于指定的几何图形（见 96 页）。

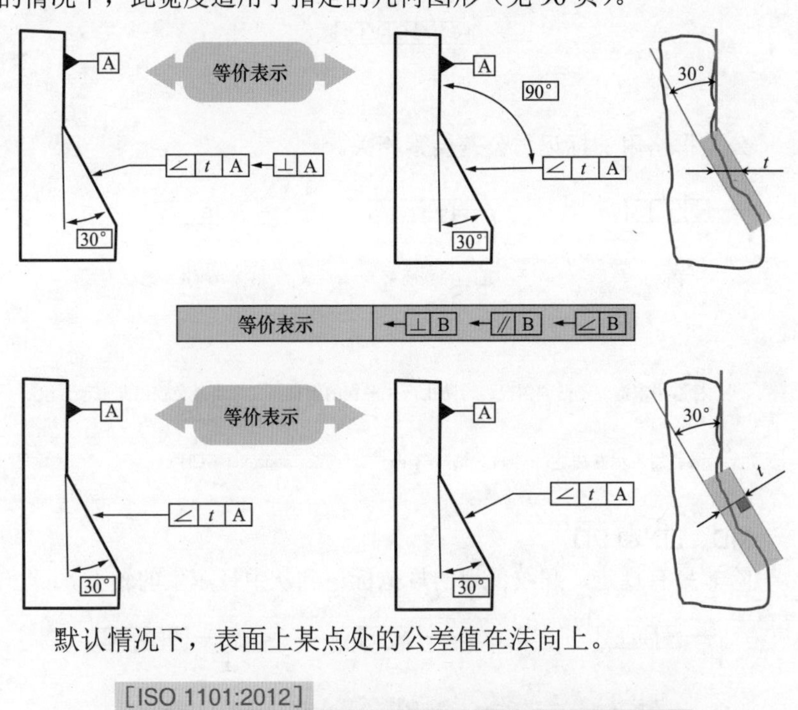


默认情况下，表面上某点处的公差值在法向上。

［ISO 1101:2012］

3.4 方向要素

# 公差带标注的组成

## 公差框格

**最多五个小格**

第一和第二格是强制的（见 95 页第一格中符号含义）。

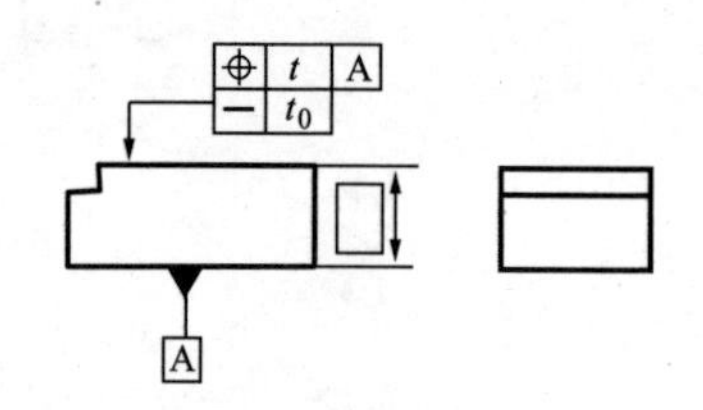


第三（或四、五）格为基准（基准体系）保留。

⊕ | t | G | P | S

## 公差框格附加标记

公差框格附加标记与公差要素相关。

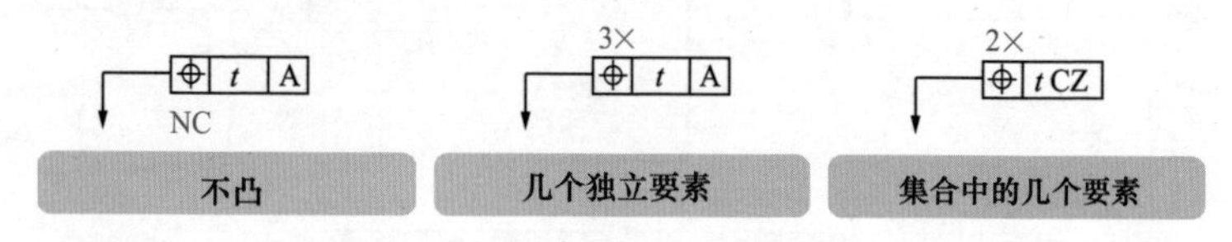

**标准中未提到不凸的情况。为防止产生潜在的模糊语义应当避免使用此表示方法。**

**推荐的表示方法是：“not convex(不凸)”，“not concave(不凹)”**

**MD、LD 和 PD**

除非另有规定，螺纹使用的规范标记到从中径派生的轴上。

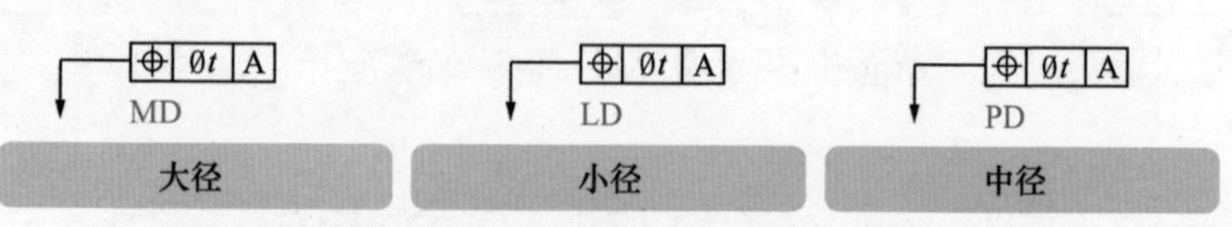

## 相交平面

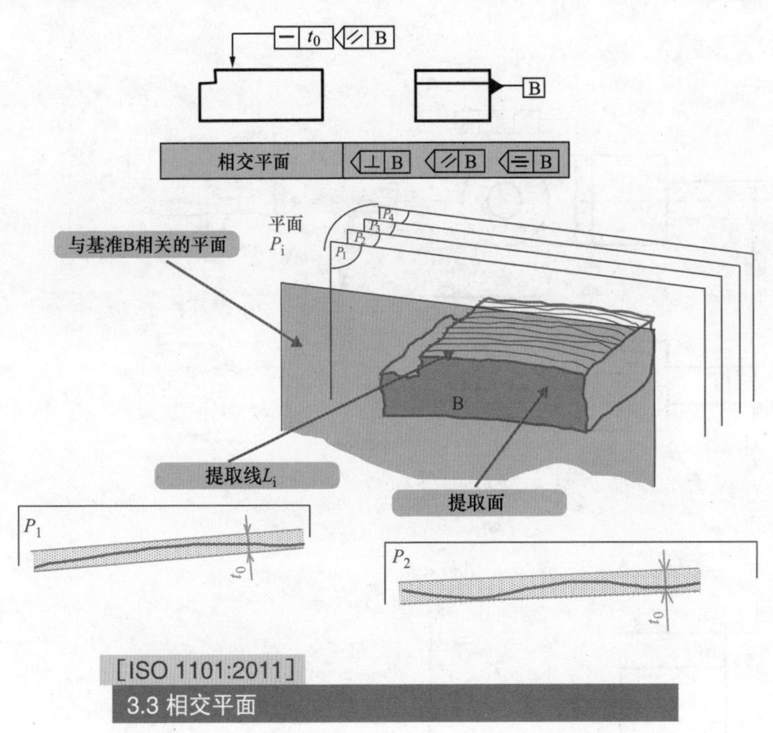


［ISO 1101:2011］

3.3 相交平面

## 定向平面

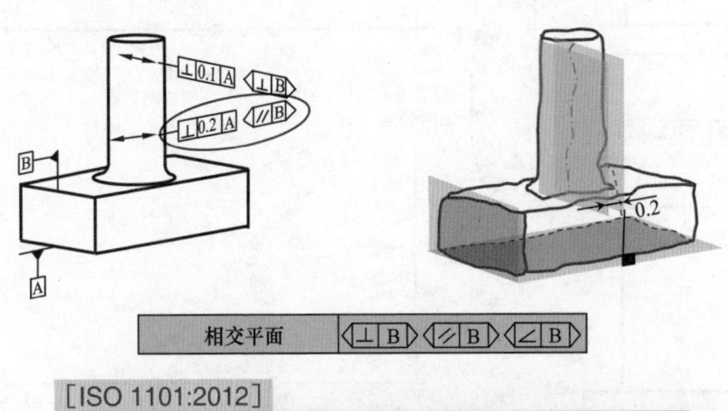


［ISO 1101:2012］

3.4 定向平面

## 附加符号

Ⓜ最大实体

Ⓛ最小实体

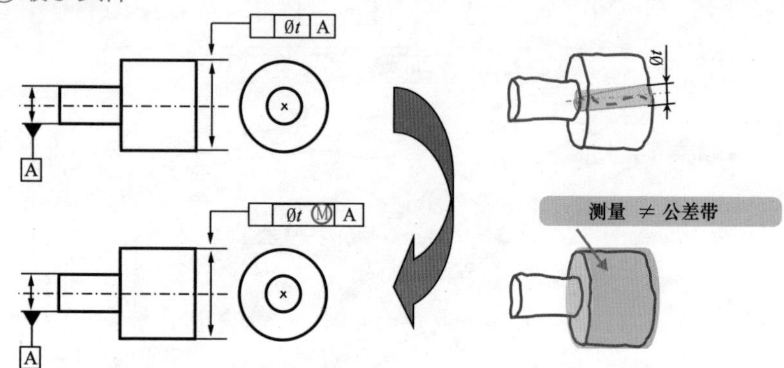


*更多信息请见第 5 部分测量规范。*

Ⓡ可逆

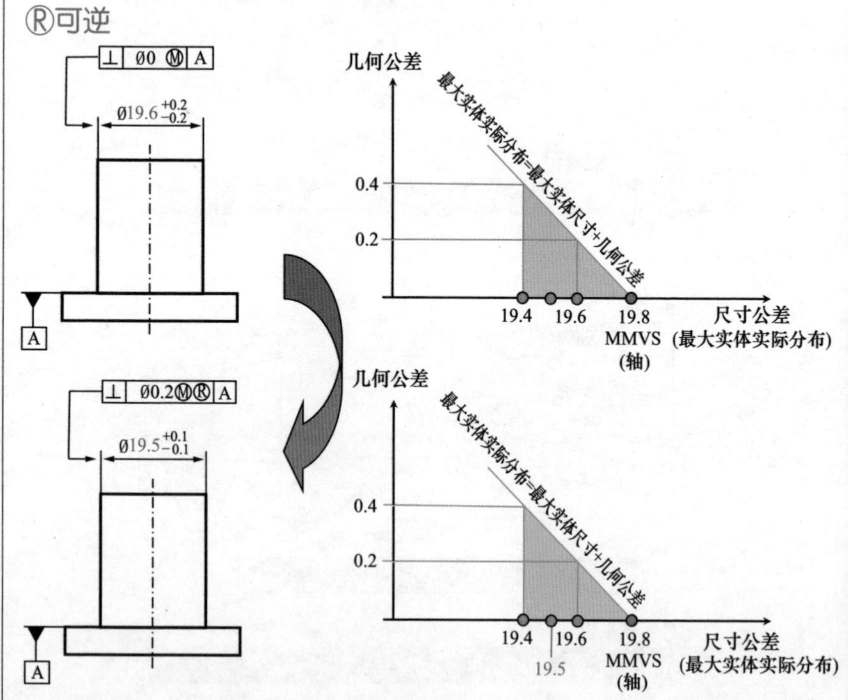


*更多信息请见第 5 部分测量规范。*

## Ⓕ自由状态

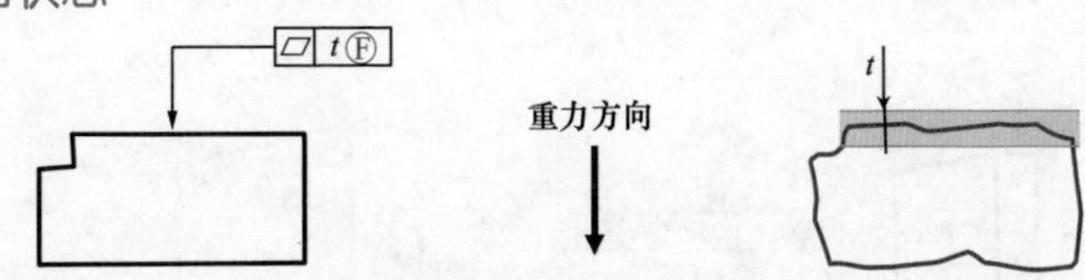


**重要内容**：使用此附加符号以及重力方向时必须引用 ISO10579:2010 标准。

[ISO 10579 NR:2010]

非刚性工件

## Ⓐ中间要素

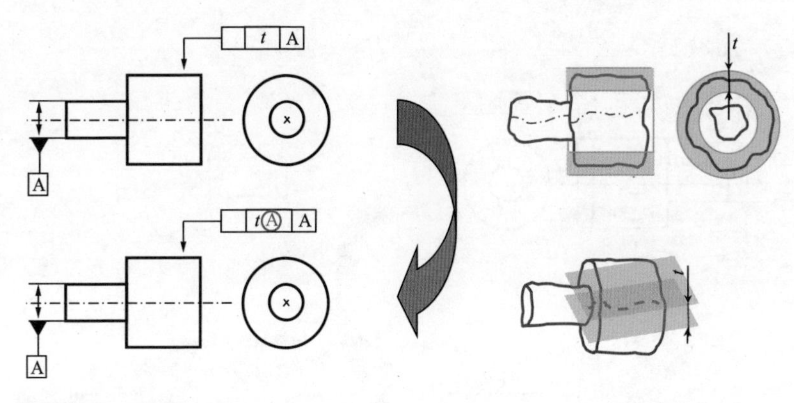


## Ø 圆柱形公差带

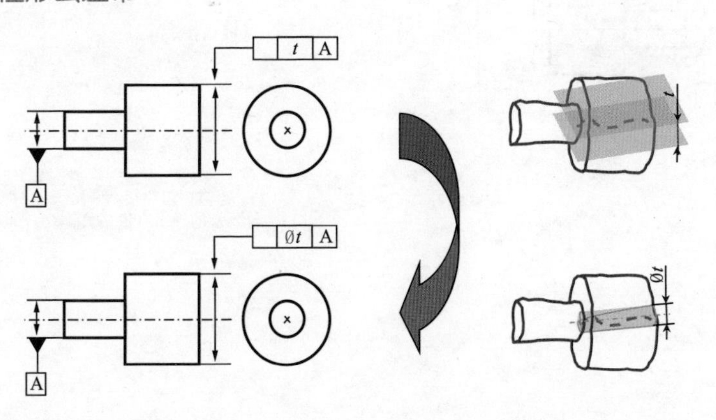

## SØ 球形公差带

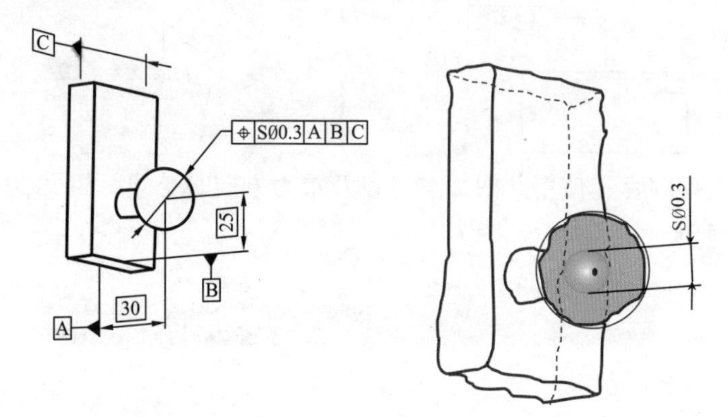


## Ⓟ 延伸公差带

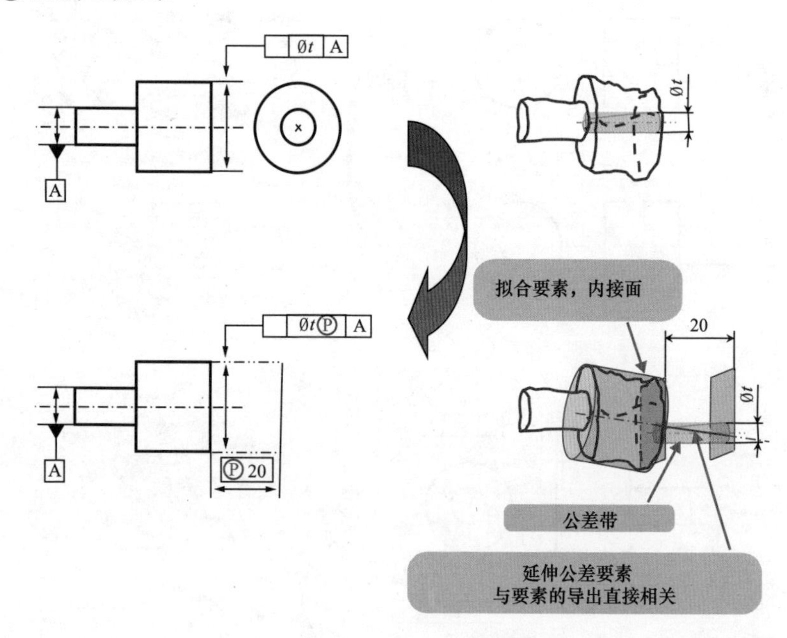

## UZ 非对称公差带【指定公差带偏移】

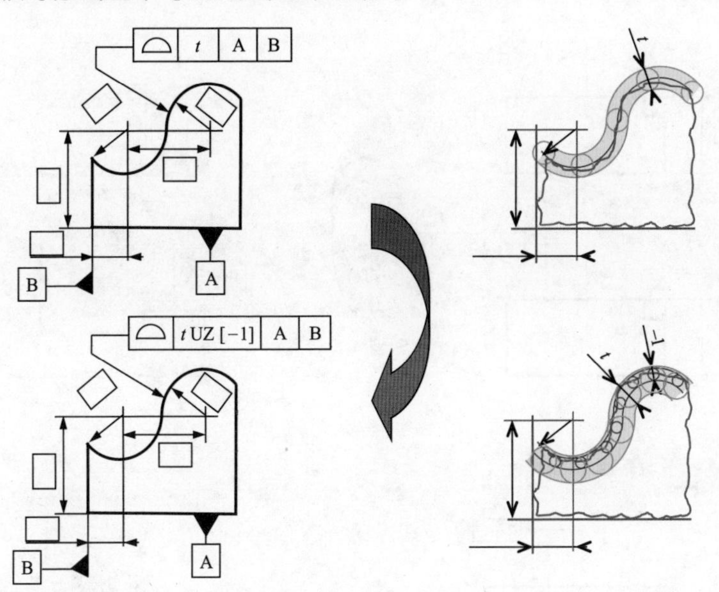


## OZ 偏移公差带【未指定公差带偏移】

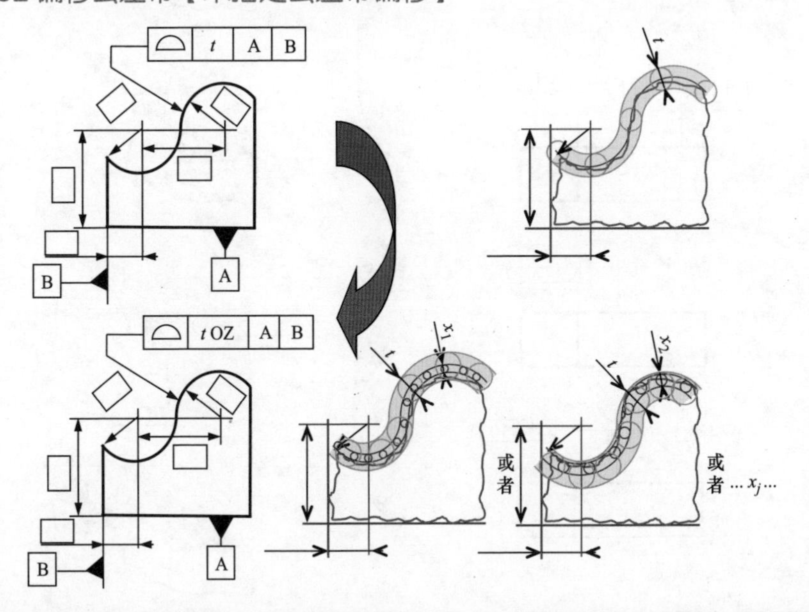

## Y ←→ Z 变量公差带

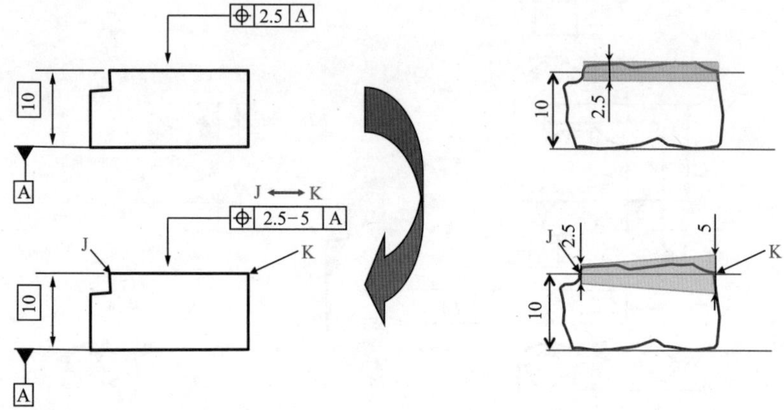

## 约束公差带

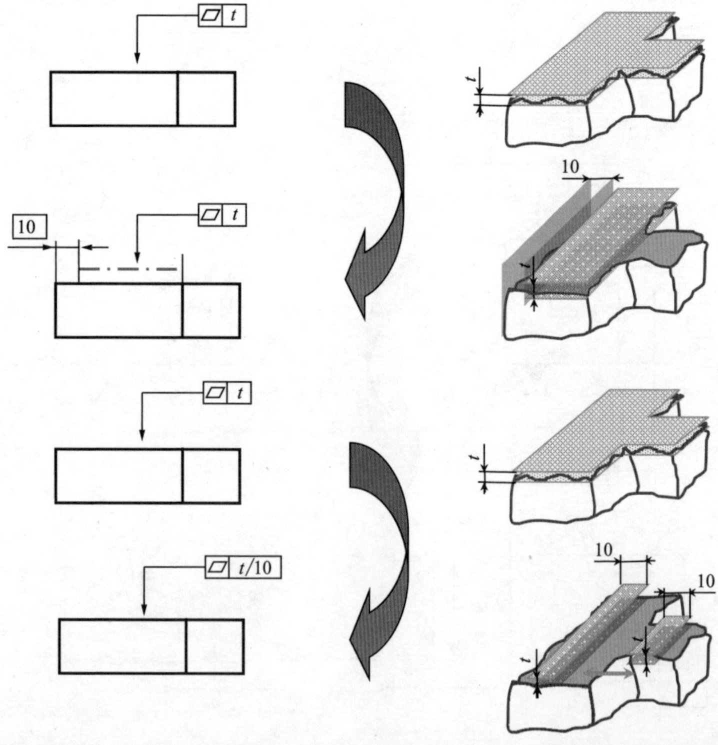

## 延伸公差带

**四周围**

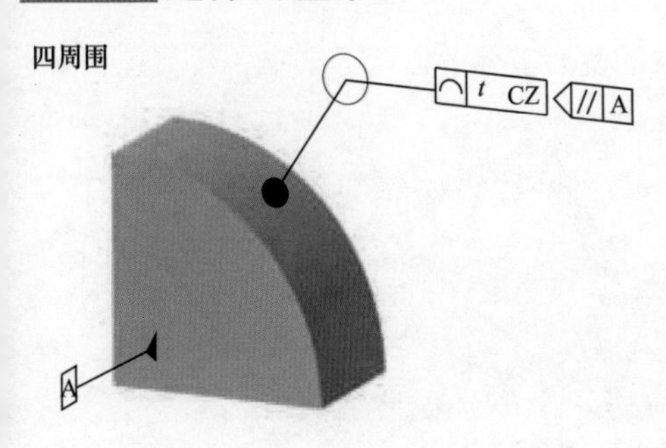


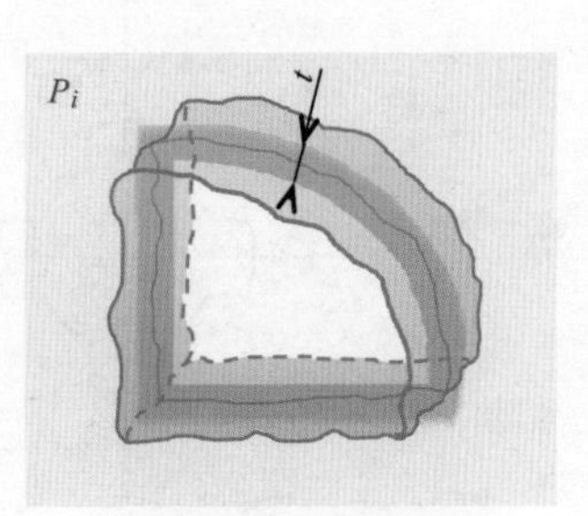


在所有 $P_i$ 面上

**所有外表面**

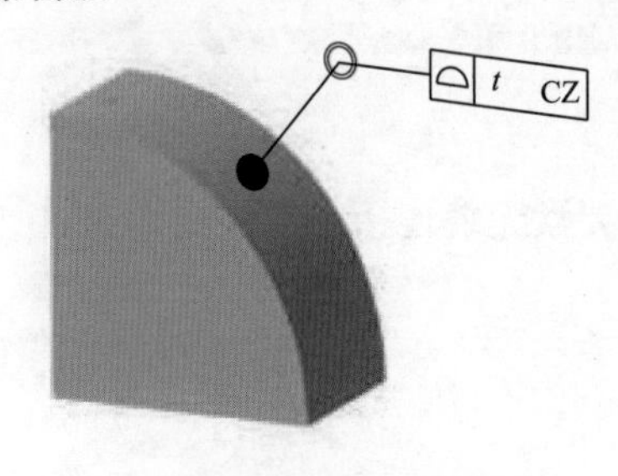


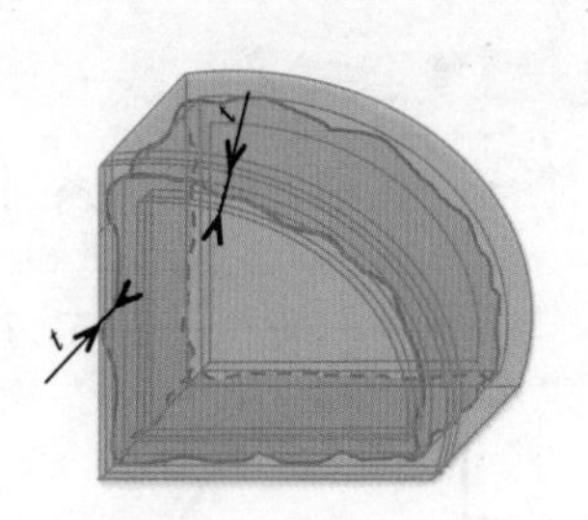


[DIS/ ISO 1101.2:2015]

"四周围"和"所有外表面"必须和SZ、CZ或UF符号一同使用

**(给定位置)之间**

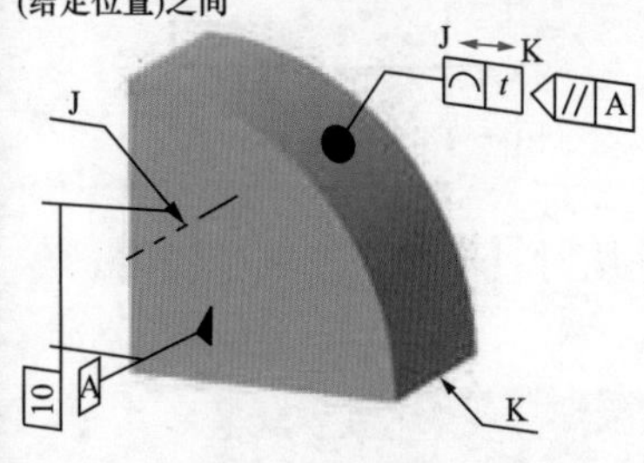


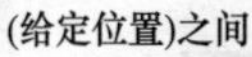

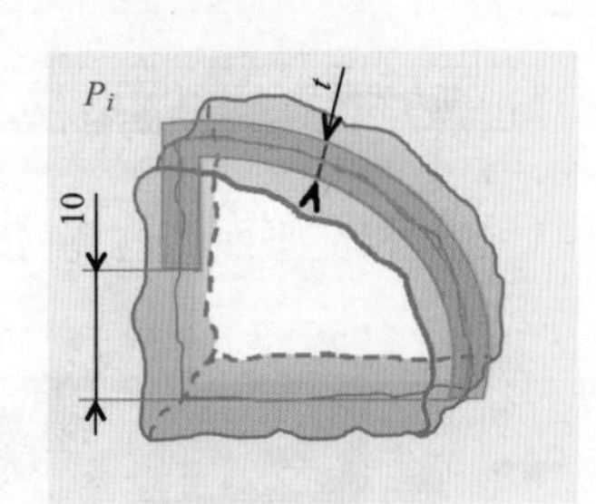


在所有 $P_i$ 面上

## 联合要素（UF）

联合要素是连续或不连续的复合要素。

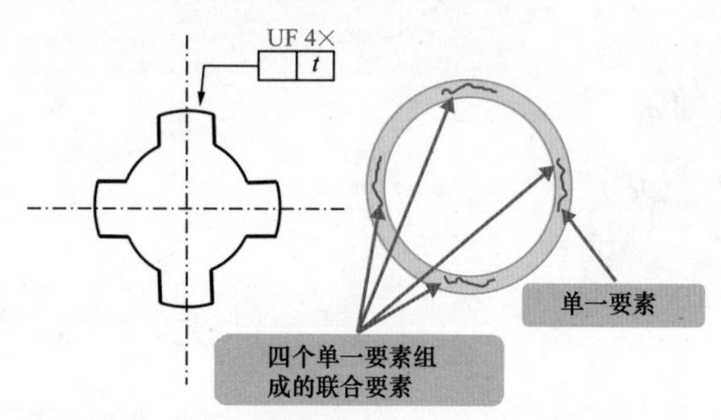


［DIS ISO 1101.2:2015］

3.9 联合要素

## 复合邻接要素

复合邻接要素是由一系列单一要素无缝连接组成的要素。

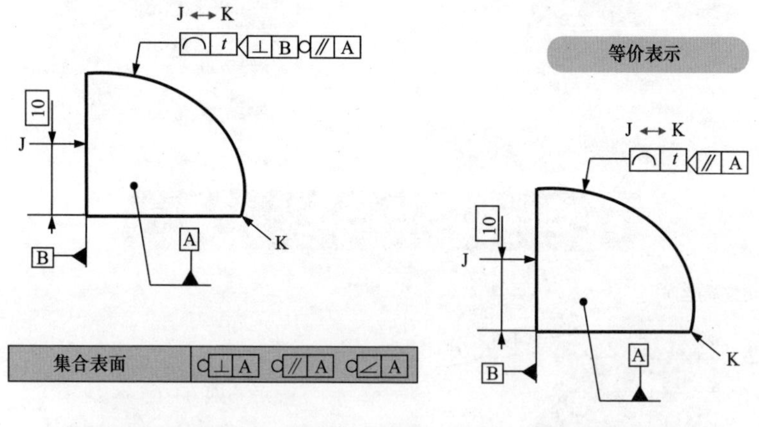


当“相交平面”与几何表面一同使用时，不再需要其他说明。

［ISO 1101:2012］

3.5 复合邻接要素

3.6 集合表面

## 符号标注

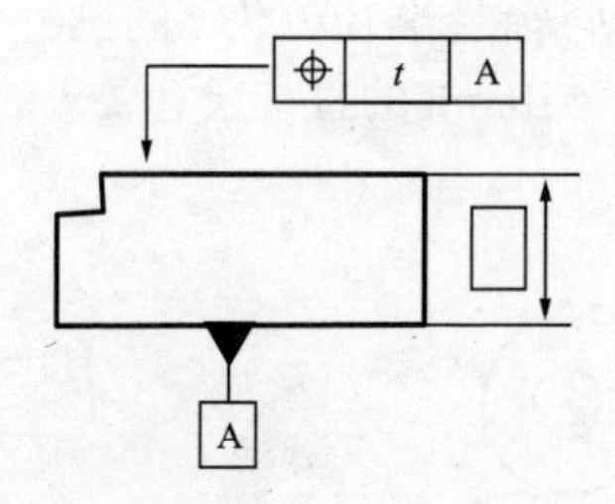


符号用于：

——在公差带上设定位置、方向和 / 或尺寸约束；

——指定公差要素类型；

——描述 TED（理论正确尺寸）隐含含义。

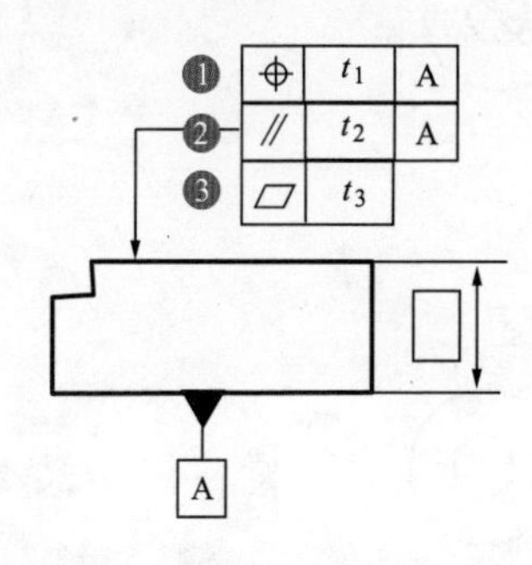


1. 公差带是位置约束时，特征与基准 A 有关。
2. 公差带是方向约束时，特征与基准 A 有关。
3. 公差带没有约束时，表面自带特征。

**$t_1$、$t_2$ 与 $t_3$ 之间的关系**

要素的位置公差限制位置偏差、方向偏差和形状偏差。

要素的方向公差限制方向偏差和形状偏差。

要素的形状偏差值限制要素的形状偏差。

$t_1 > t_2 > t_3$

## 约束公差带

公差带受到两个同轴且半径差为 *t* 的圆柱体的限制，同时受到TED（理论正确尺寸）Ø20mm 的直径尺寸要求的限制。

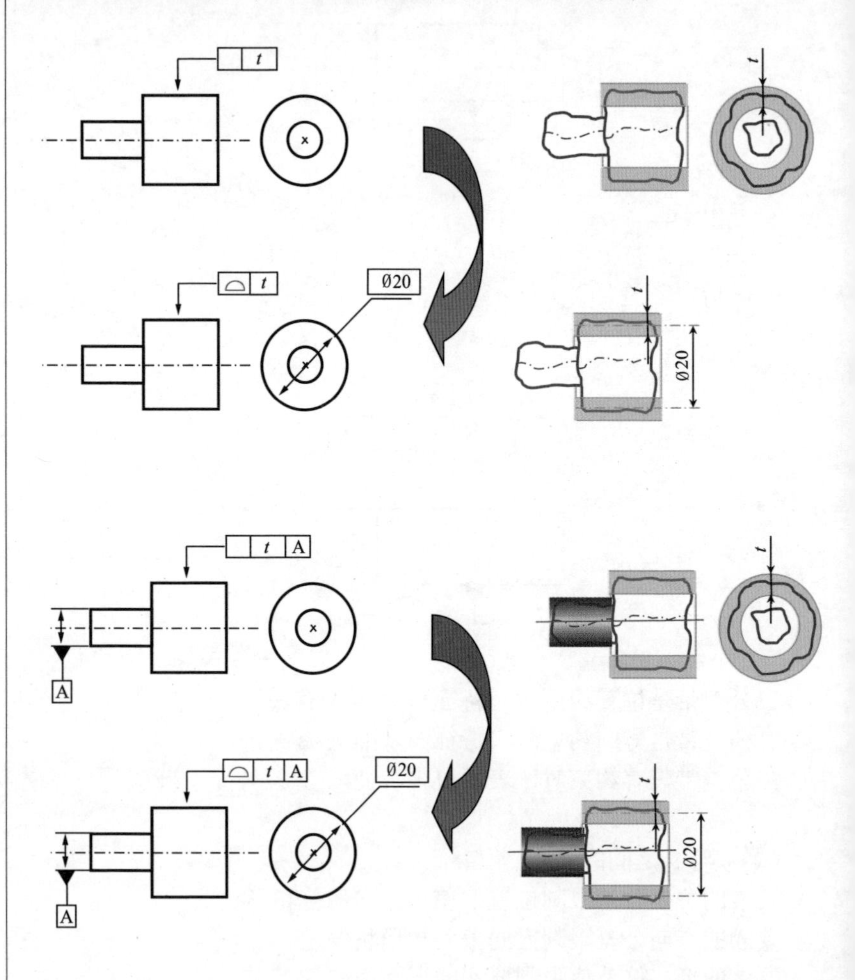

## 非约束公差带

公差带受到两个同轴且半径差为 $t$ 的圆柱体限制，不受严格直径要求的限制。

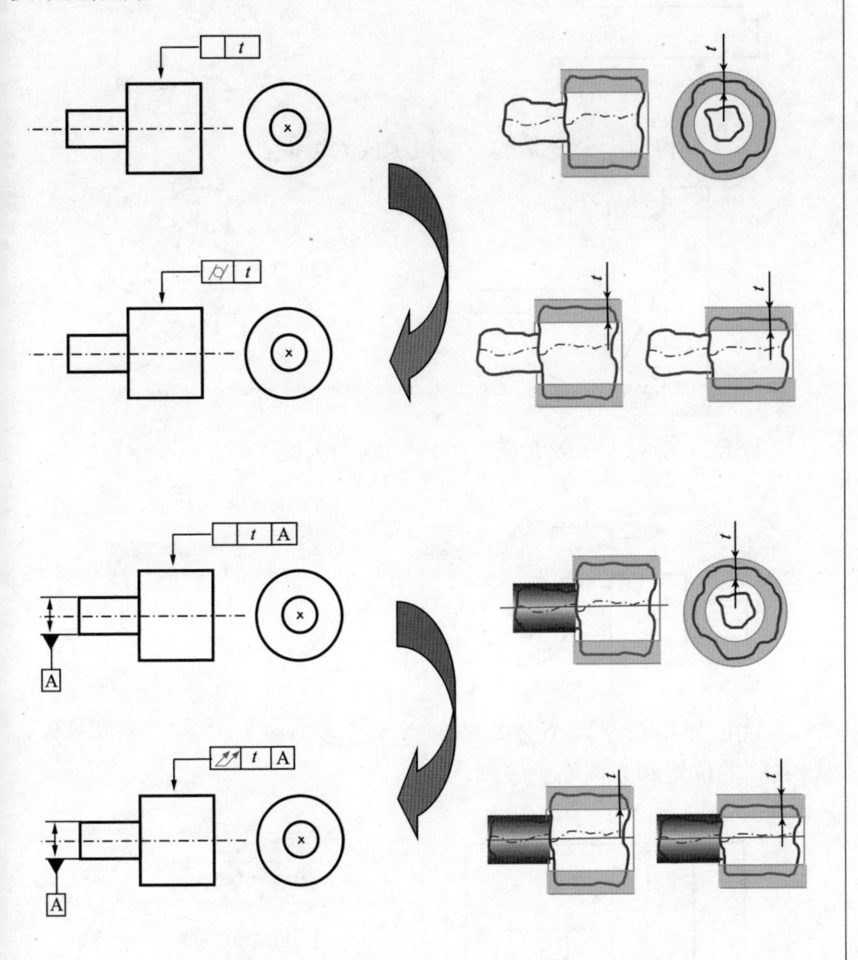

## 理论正确尺寸（TED）

TED 使得对于公差带的位置限制成为可能。

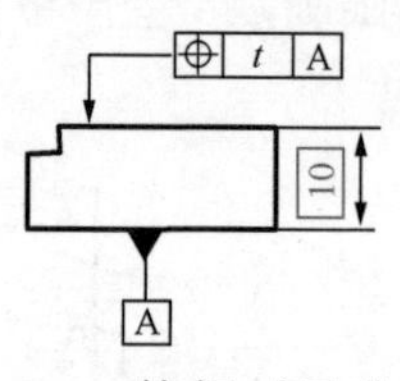


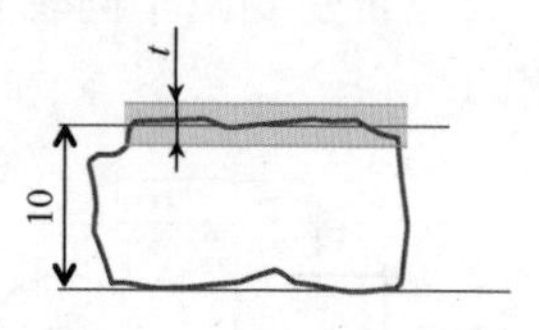


TED 使得对于公差带的方向限制成为可能。

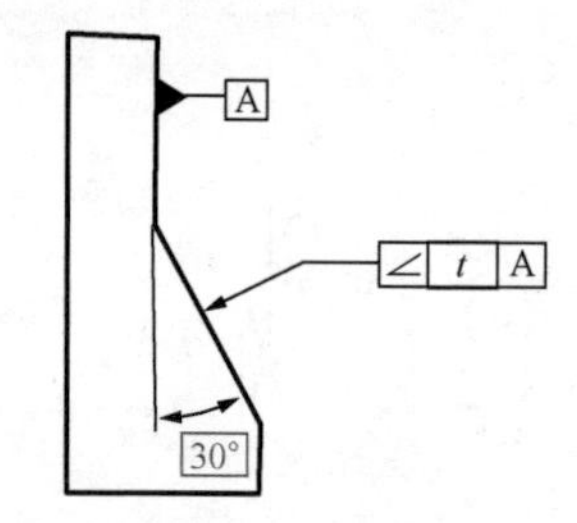


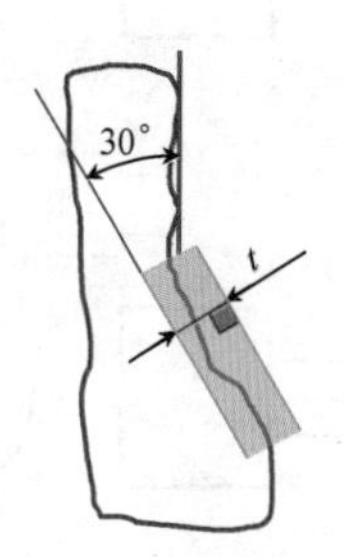


TED 使得对于公差带的尺寸限制成为可能。

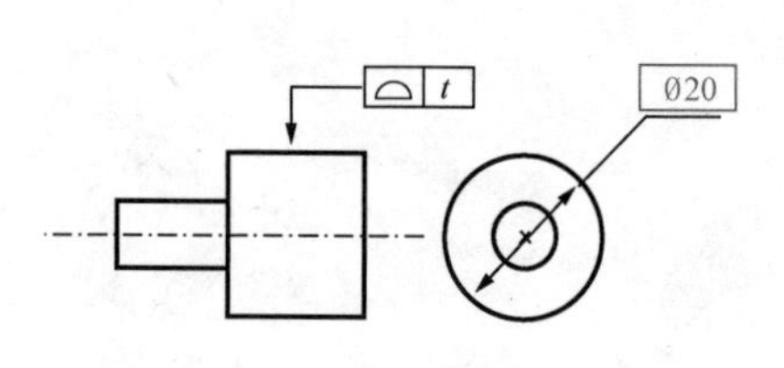


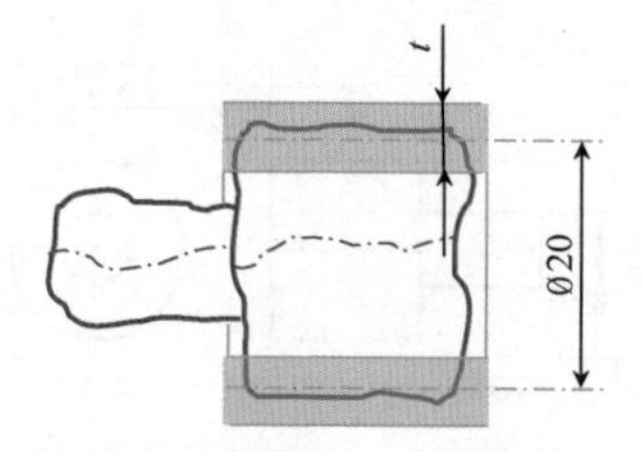


TED 使得对于两个公差带间的位置限制成为可能，这两个公差带共同的位置和方向不受限制。

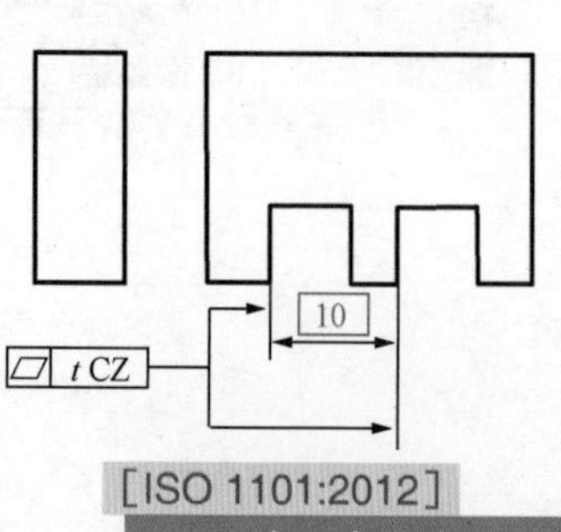


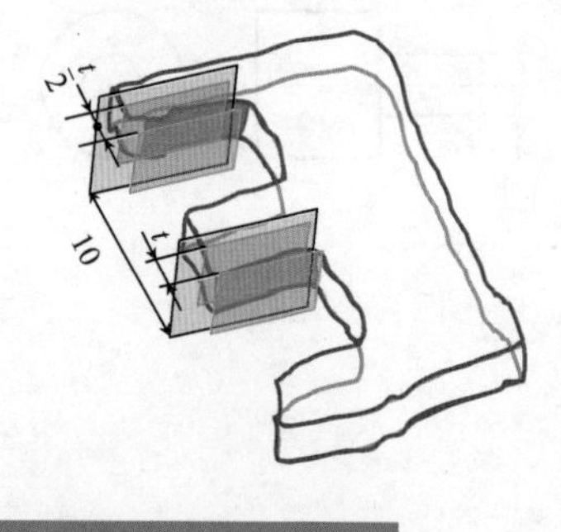


[ISO 1101:2012]

11 理论正确尺寸（TED）

## 基准顺序

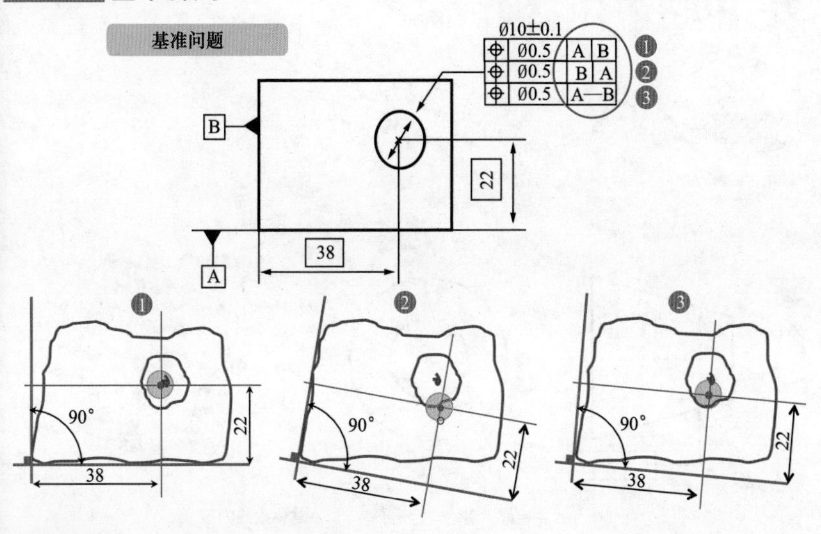


## 内部规范与关联规范

| 几何特征符号 | | | | |
|---|---|---|---|---|
| 公差类型 | 几何特征 | 符号 | 有无基准 | 参见条款 |
| 形状公差 | 直线度 | — | 无 | 18.1 |
| | 平面度 | ⏥ | 无 | 18.2 |
| | 圆度 | ○ | 无 | 18.3 |
| | 圆柱度 | ⌭ | 无 | 18.4 |
| | 线轮廓度 | ⌒ | 无 | 18.5 |
| | 面轮廓度 | ⌓ | 无 | 18.7 |
| 方向公差 | 平行度 | // | 有 | 18.9 |
| | 垂直度 | ⊥ | 有 | 18.10 |
| | 倾斜度 | ∠ | 有 | 18.11 |
| | 线轮廓度 | ⌒ | 有 | 18.6 |
| | 面轮廓度 | ⌓ | 有 | 18.8 |
| 位置公差 | 位置度 | ⌖ | 有或无 | 18.12 |
| | 同心度（用于中心点） | ◎ | 有 | 18.13 |
| | 同轴度（用于轴线） | ◎ | 有 | 18.13 |
| | 对称度 | ⌯ | 有 | 18.14 |
| | 线轮廓度 | ⌒ | 有 | 18.6 |
| | 面轮廓度 | ⌓ | 有 | 18.8 |
| 跳动公差 | 圆跳动 | ↗ | 有 | 18.15 |
| | 全跳动 | ⌰ | 有 | 18.16 |

此处参见条款是指标准中的条款。

[ISO 1101:2012]

5 符号

# 几何特征符号

## 内部规范

### ○圆度

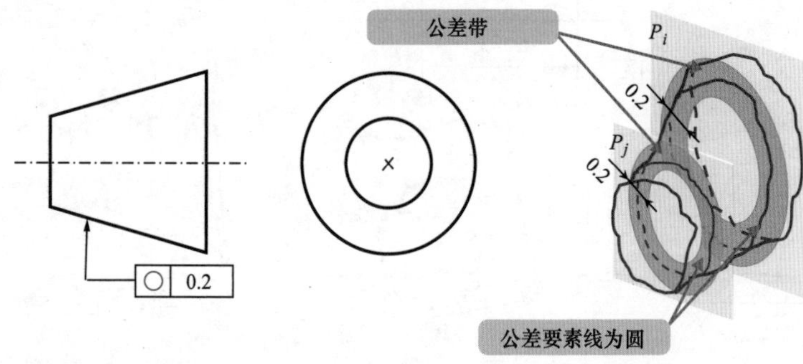


### —直线度

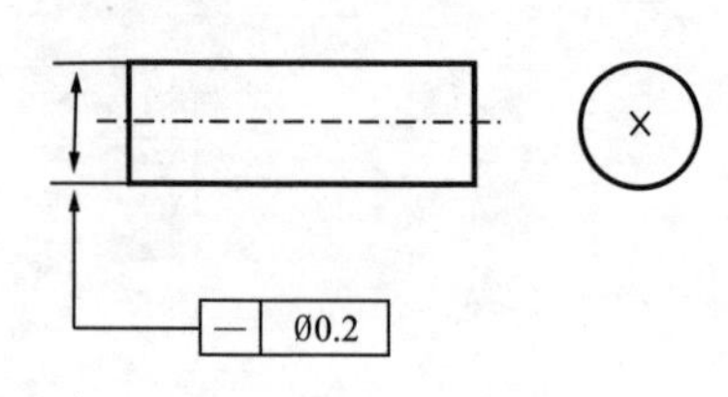


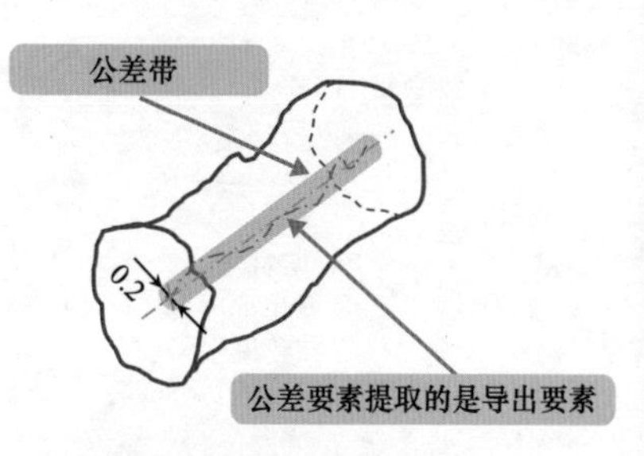


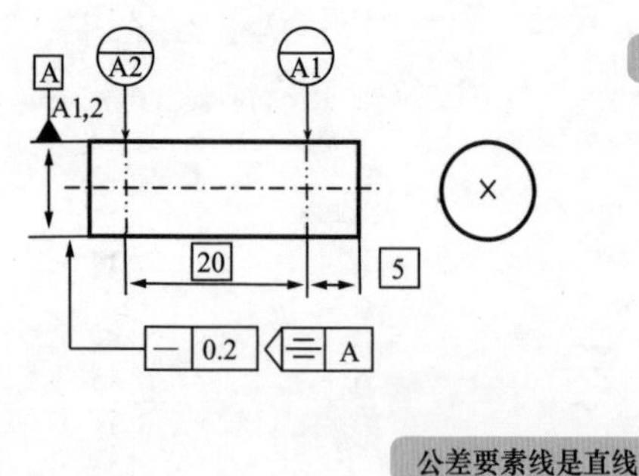


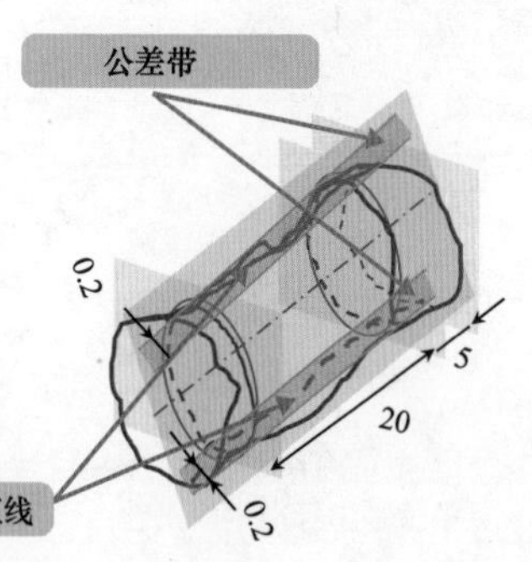

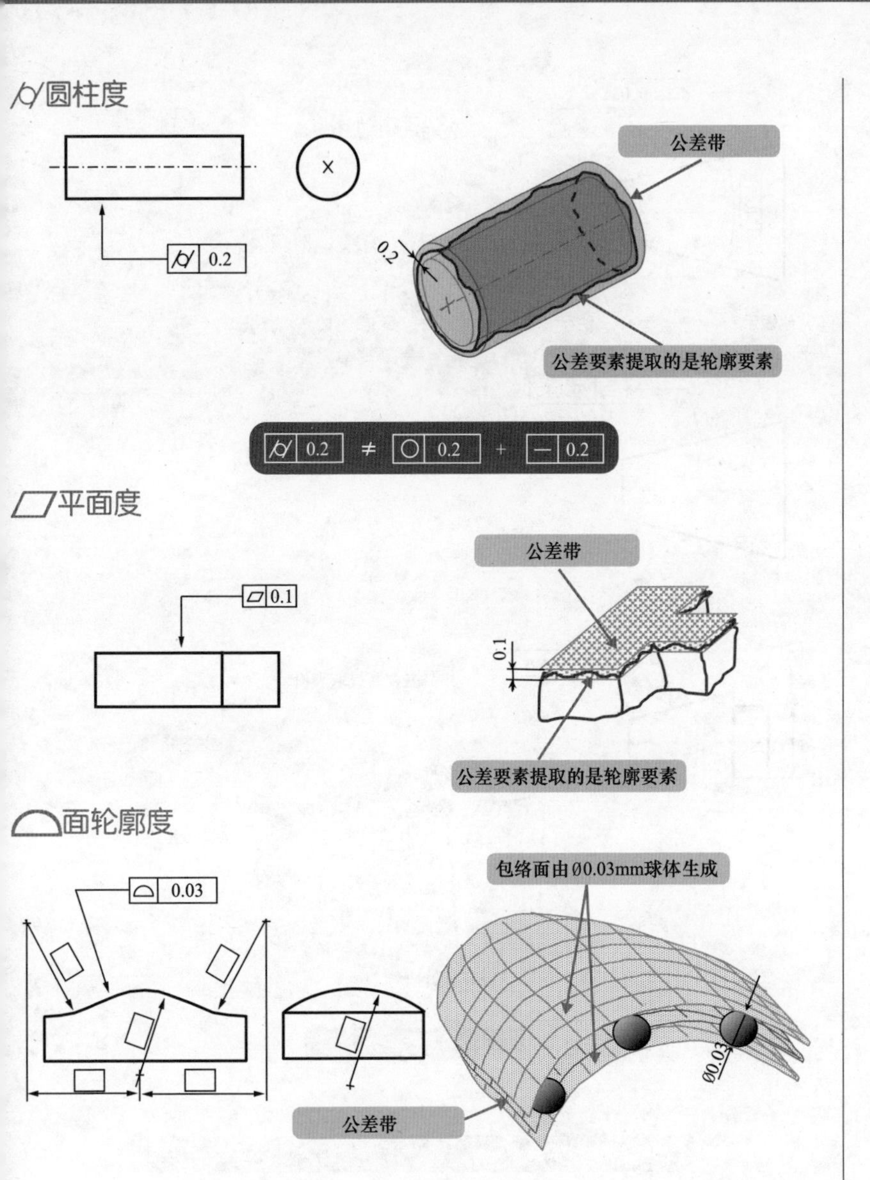
圆柱度
0.2
公差带
0.2
公差要素提取的是轮廓要素
0.2
≠
0.2
+
0.2
平面度
0.1
公差带
0.1
公差要素提取的是轮廓要素
面轮廓度
0.03
包络面由Ø0.03mm球体生成
公差带
Ø0.03

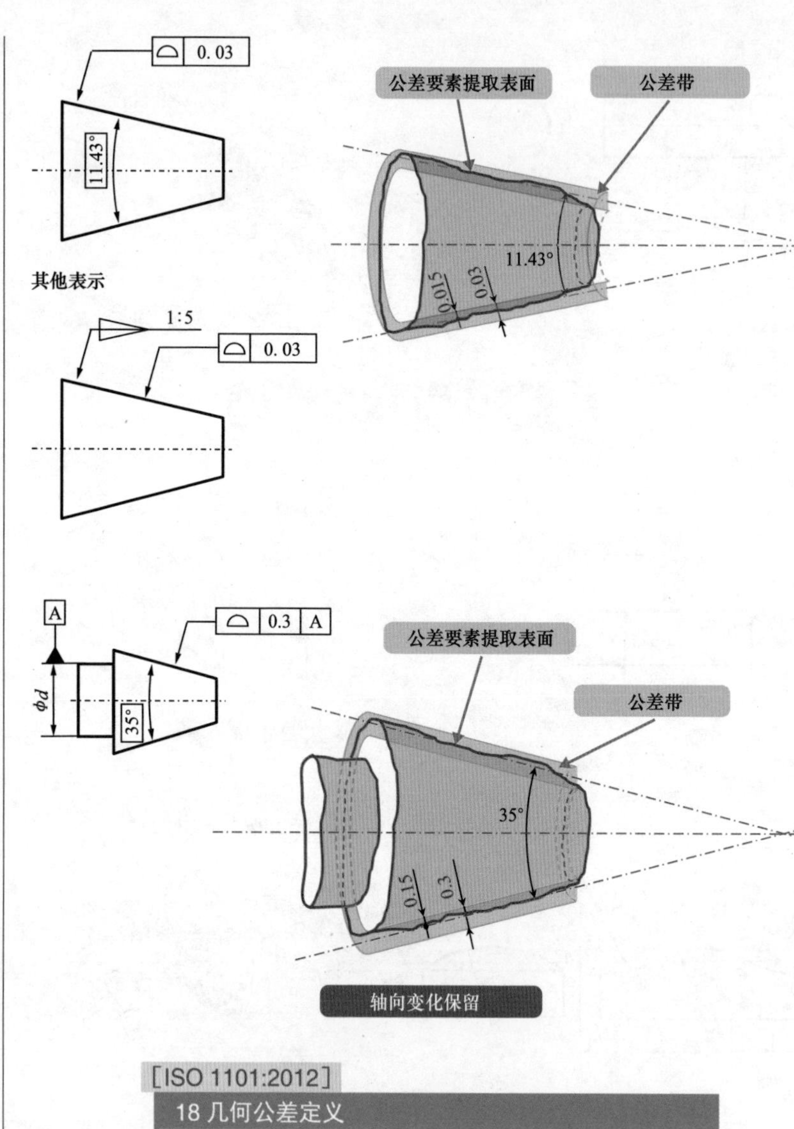


[ISO 1101:2012]

18 几何公差定义

## 关联规范

### //平行度

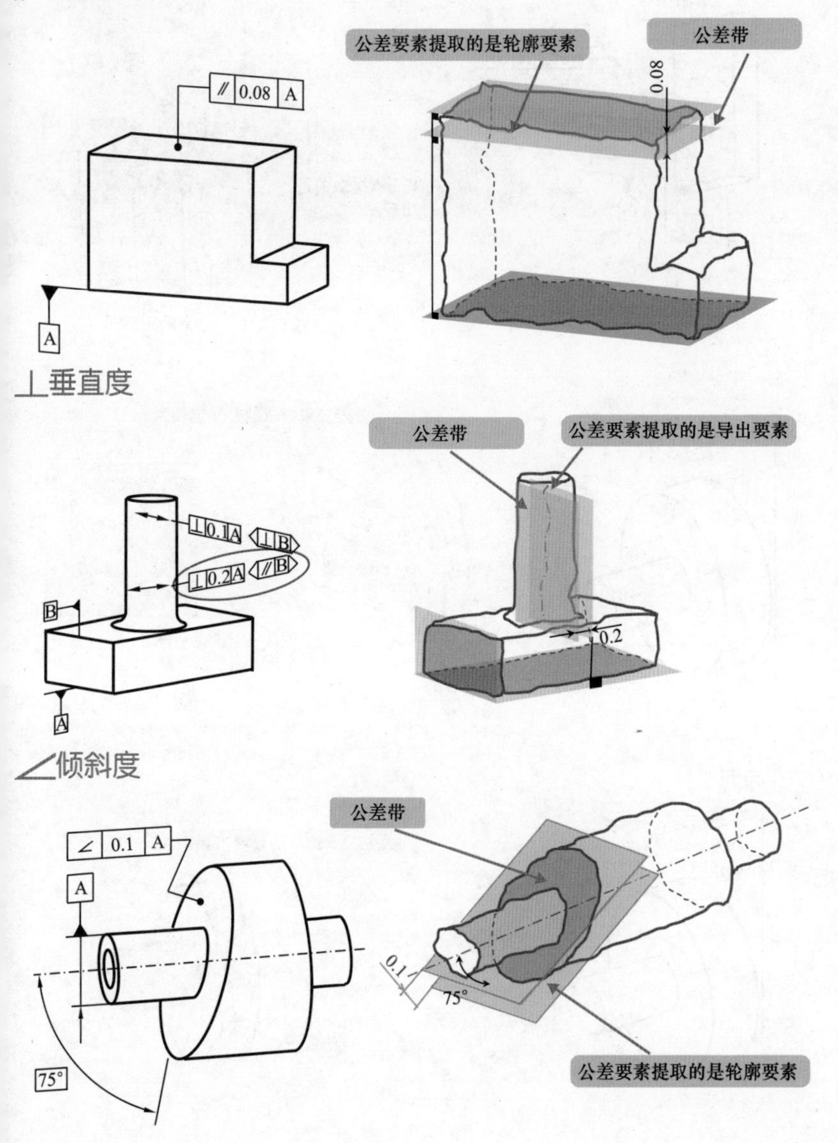

// 0.08 A
A
公差要素提取的是轮廓要素
公差带
0.08
⊥垂直度
公差带
公差要素提取的是导出要素
⊥ 0.1 A
⊥ B
⊥ 0.2 A
// B
B
A
0.2
∠倾斜度
∠ 0.1 A
A
75°
公差带
0.1
75°
公差要素提取的是轮廓要素

## ⌖位置度

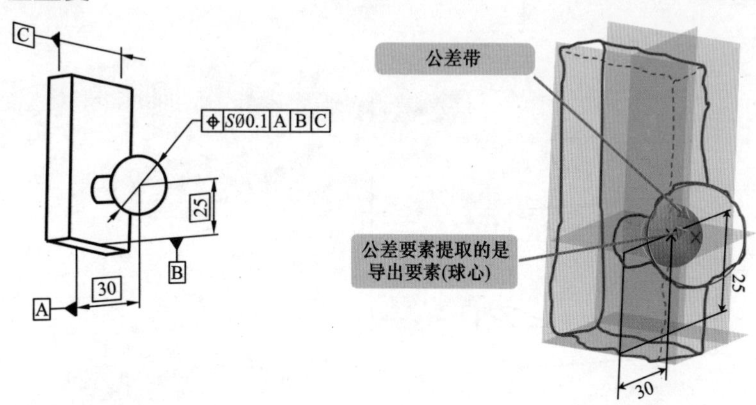


## ◎ ACS 同心度

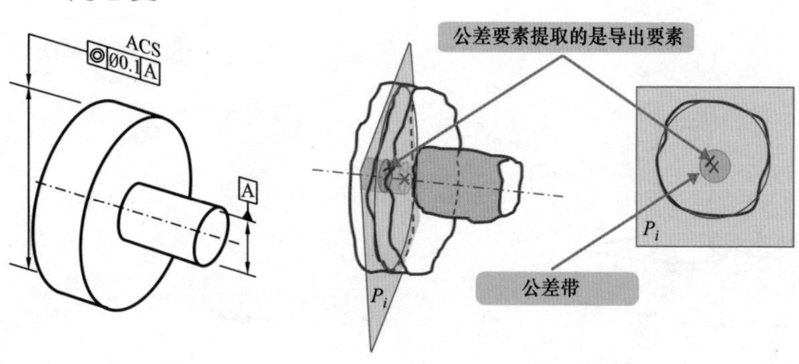


## ◎同轴度

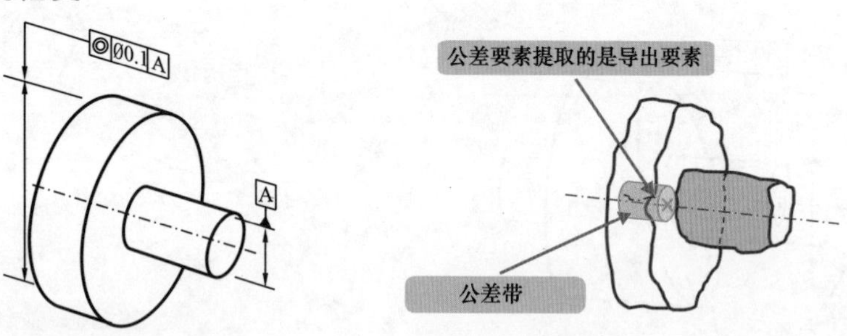

## ⌯对称度

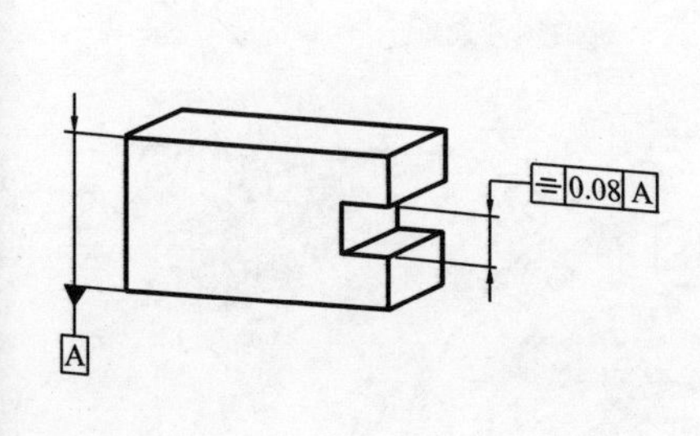


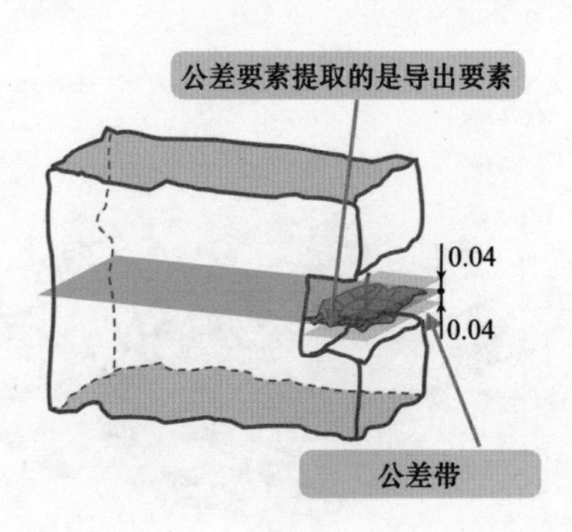


## ↗径向圆跳动

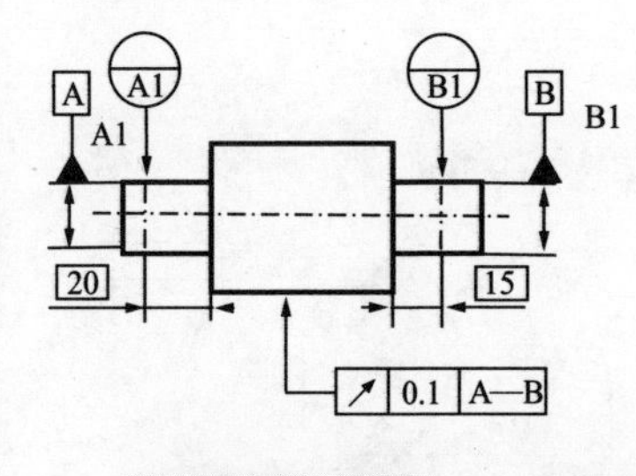


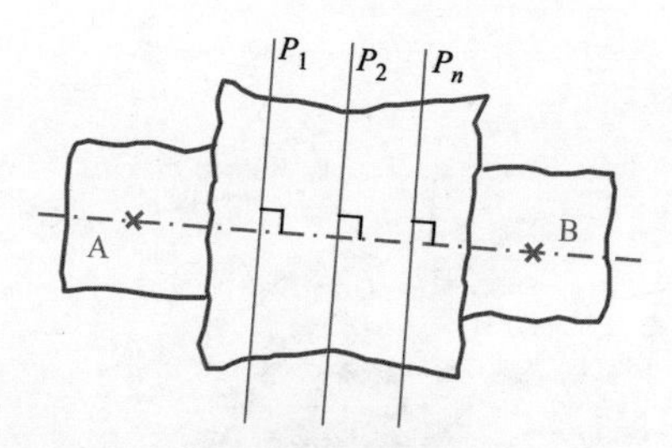


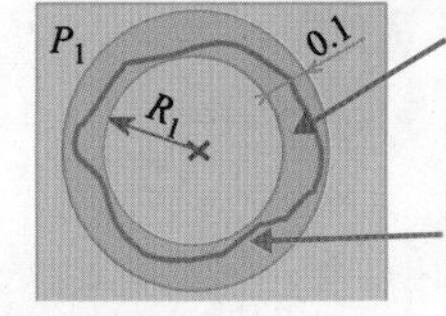


公差带

公差要素提取的是导出要素

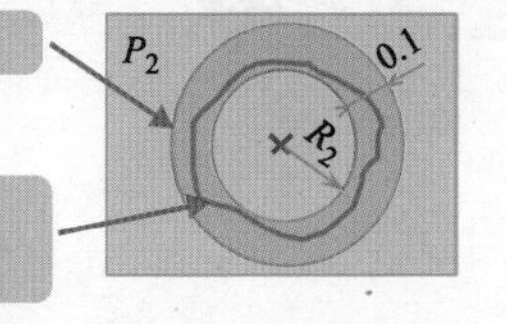


## ↗轴向圆跳动

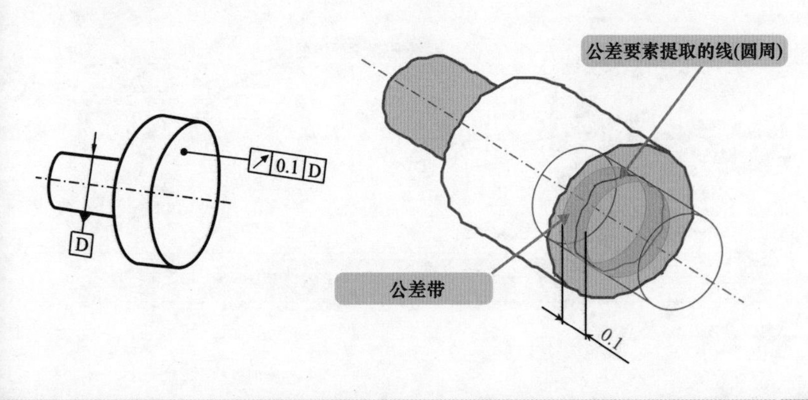

## ↗倾斜圆跳动

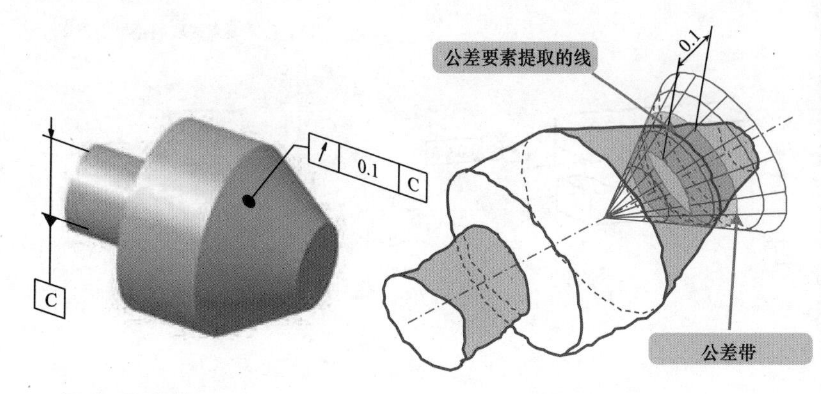


## ⌰径向全跳动

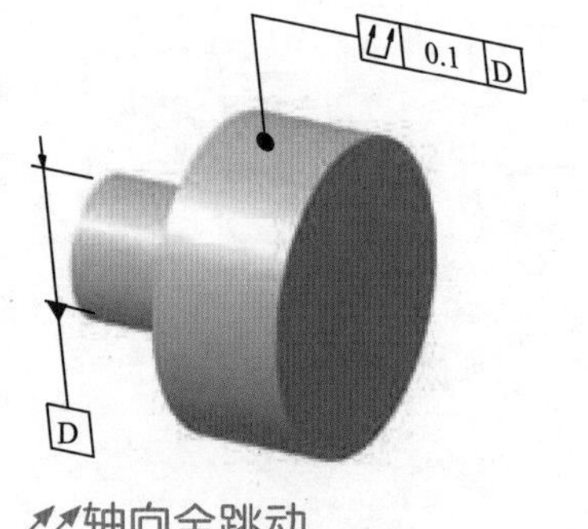


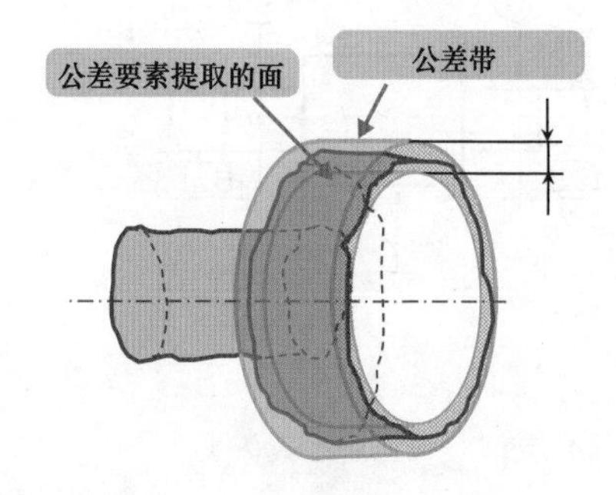


## ⌰轴向全跳动

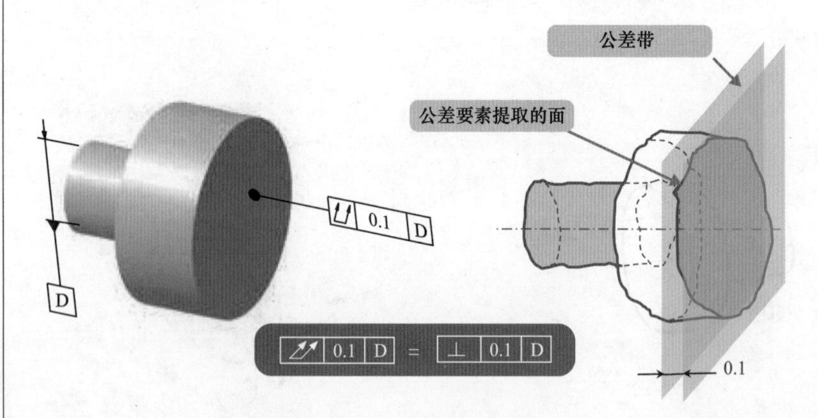

# 要素集合

## CZ（公共公差带）

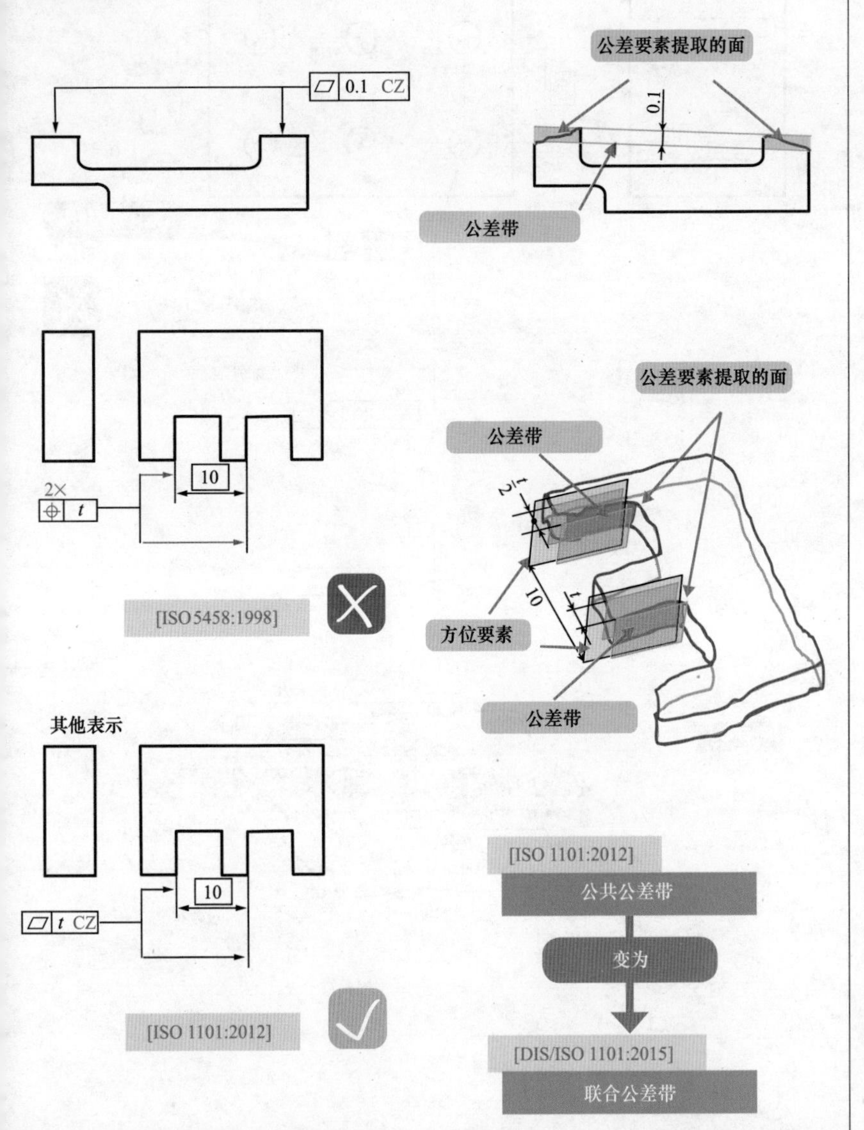

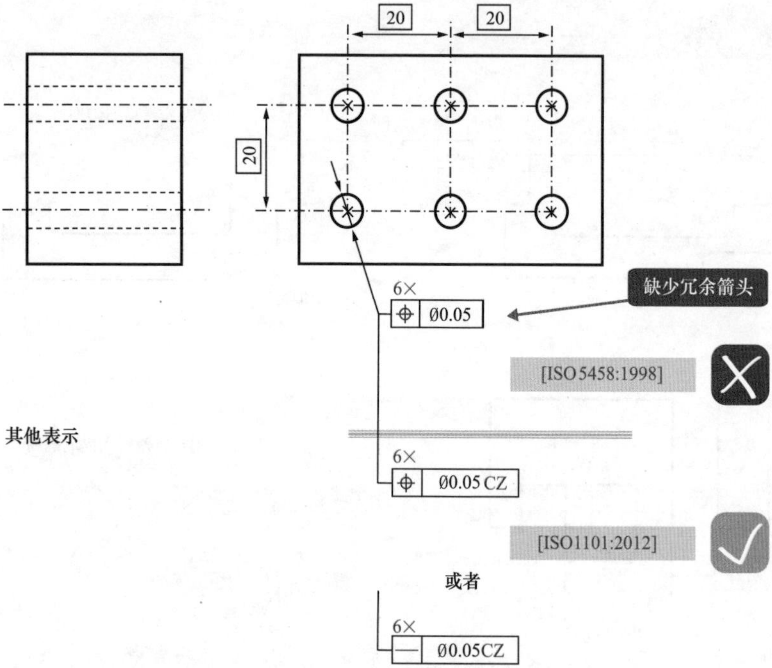

20 20

20

6×

⌖ Ø0.05

缺少冗余箭头

[ISO 5458:1998]

其他表示

6×

⌖ Ø0.05 CZ

[ISO 1101:2012]

或者

6×

— Ø0.05CZ

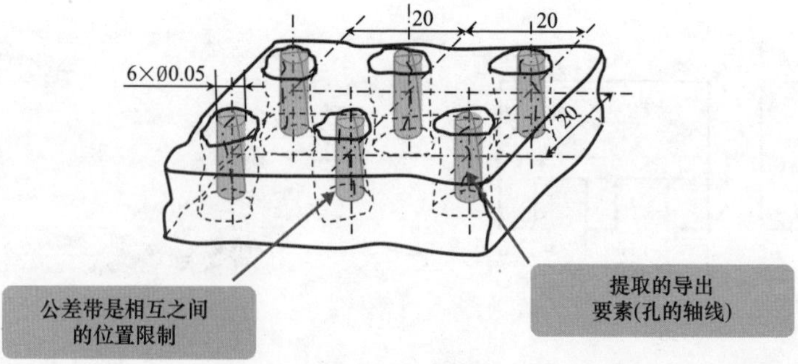

20 20

6×Ø0.05

20

公差带是相互之间的位置限制

提取的导出要素(孔的轴线)

CZ（公共公差带）

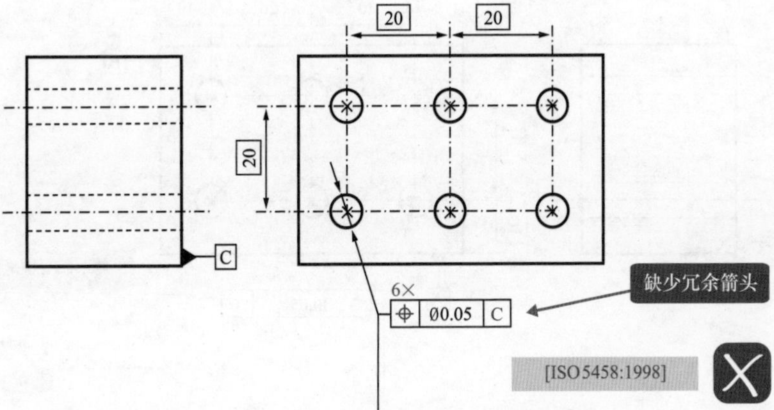

20 20

20

C

6×

⌖ Ø0.05 C

缺少冗余箭头

[ISO5458:1998]

其他表示

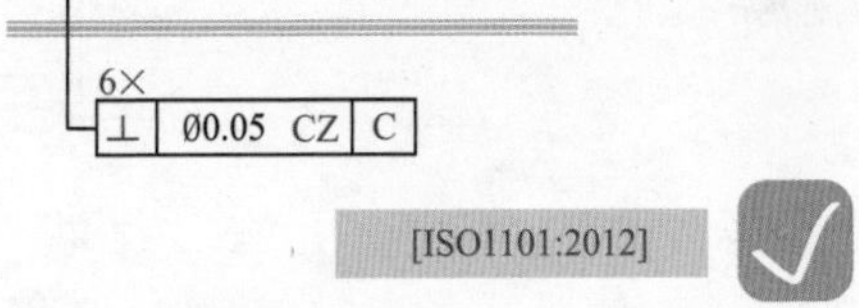

6×

⊥ Ø0.05 CZ C

[ISO1101:2012]

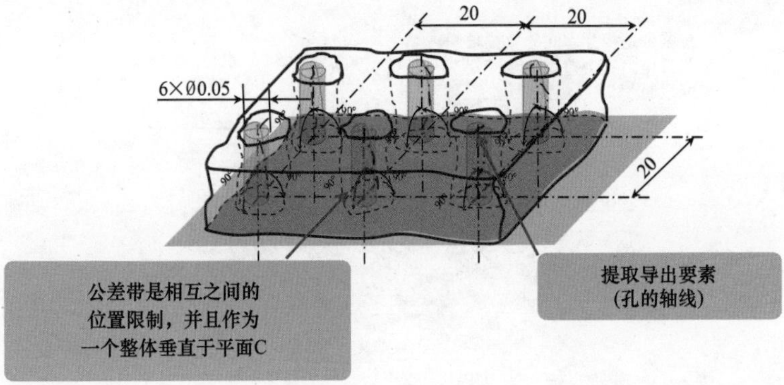

20 20

6×Ø0.05

20

公差带是相互之间的位置限制，并且作为一个整体垂直于平面C

提取导出要素(孔的轴线)

20 20 10

B

20

10

A

6×

⌖ Ø0.05 A B

缺少冗余箭头

[ISO 5458:1998]

其他表示

⌖ Ø0.05 CZ A B

[ISO 1101:2012]

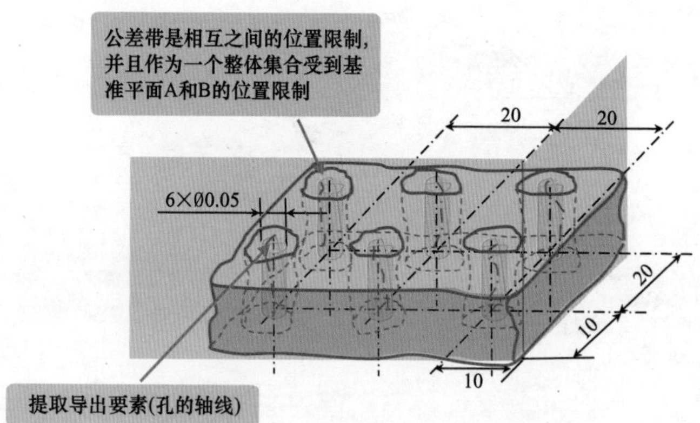

## “X”（重复）

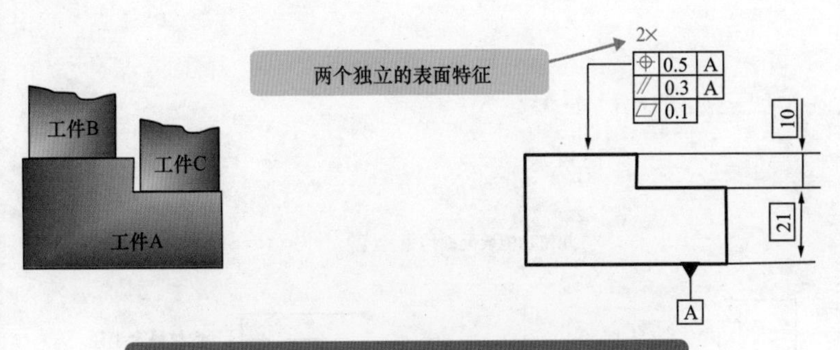


对于同一个位置度符号“⌖”，存在两种解释！
这种表示方法分别对应于标准ISO 5458：1998以及标准ISO 1101：2012

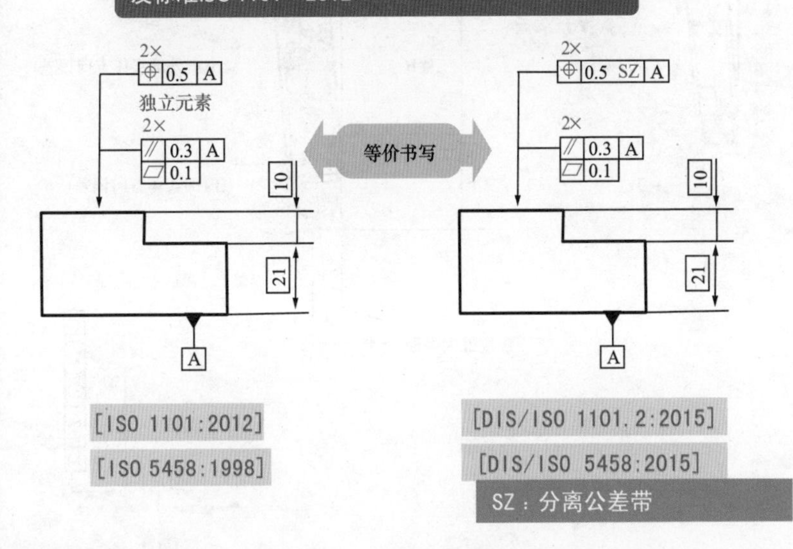


[ISO 1101:2012]

[ISO 5458:1998]

[DIS/ISO 1101.2:2015]

[DIS/ISO 5458:2015]

SZ：分离公差带

为了减少歧义，推荐在官方撤回标准 ISO 5458:1998 前，添加注释“Independent features（独立要素）”。或者在所有机械制图上只使用标准 1101（即不引出 ISO 5458 标准），在此情况下无须注释“Independent features（独立要素）”。

# 为什么使用延伸要素

## 螺纹联接

### 方向限制

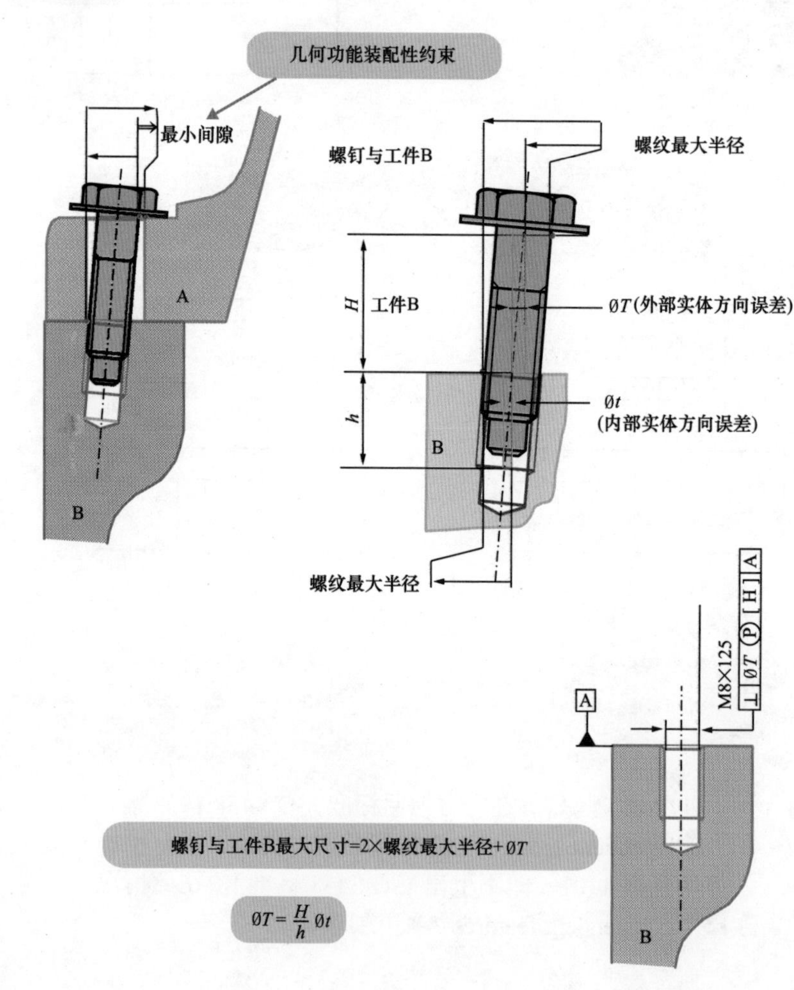

## 位置限制

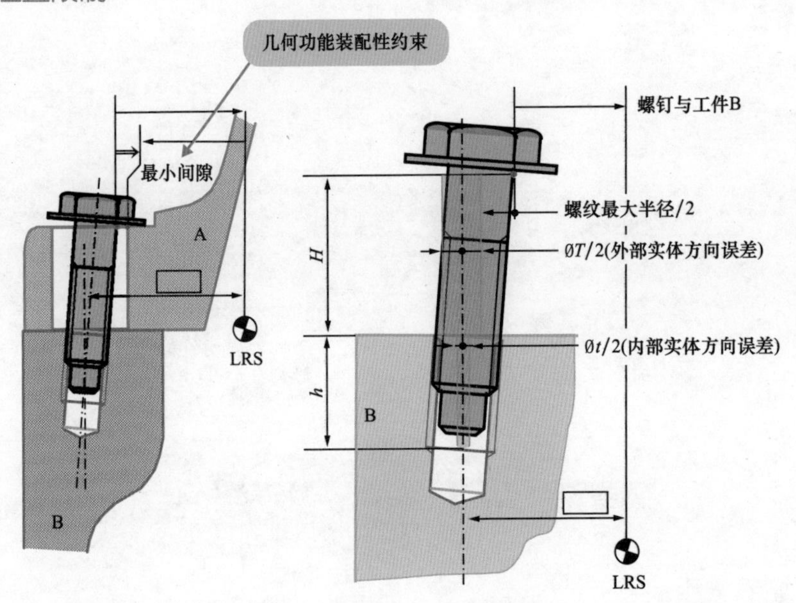


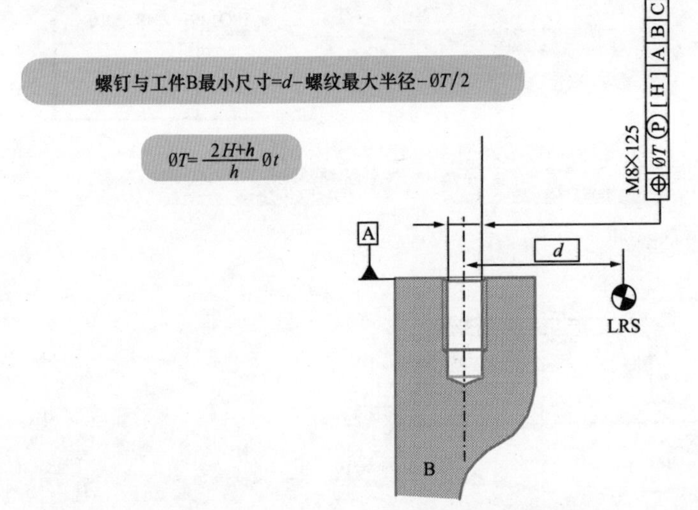


*"LRS"：即"location reference system（位置参考系）"，对应于基准体系的方位要素。*

# 什么是非刚性工件?

## 定义

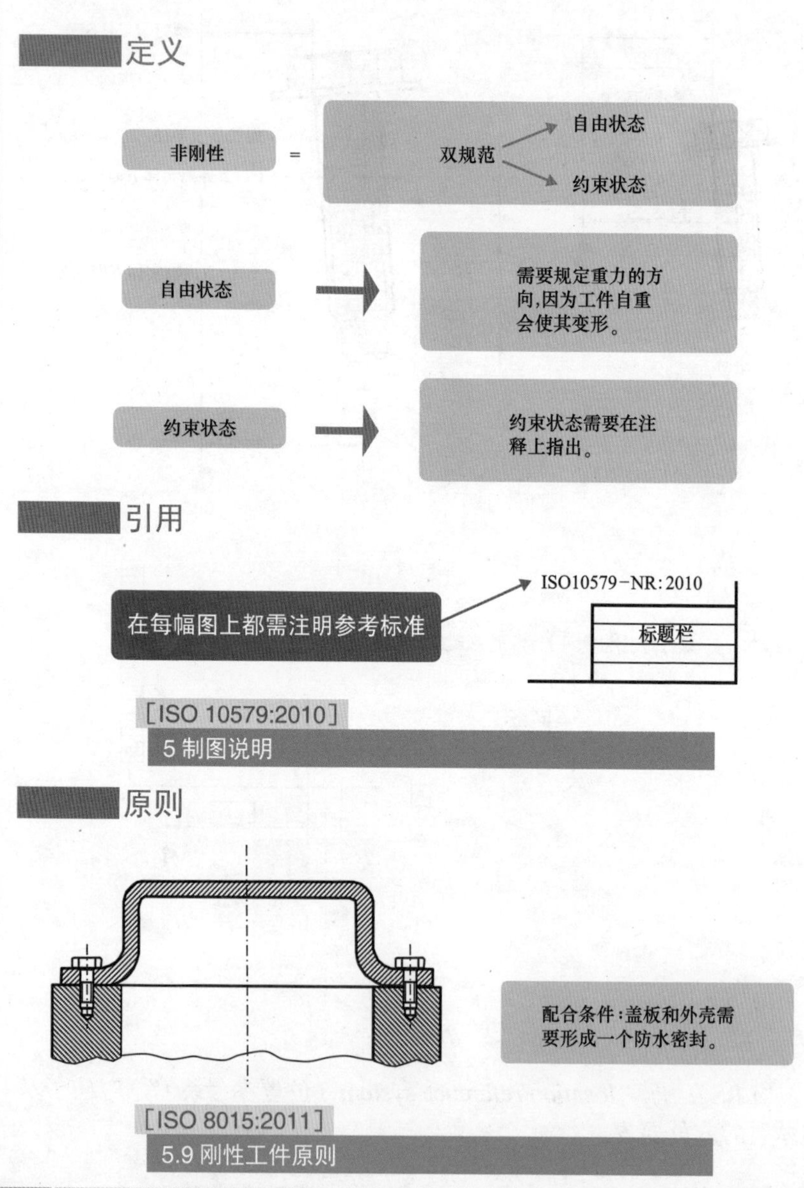


## 引用

[ISO 10579:2010]

5 制图说明

## 原则

[ISO 8015:2011]

5.9 刚性工件原则

## 实例

注意：

约束状态是由装配面所定义的，当在图上指出时，说明12个螺钉都拧紧到10N·m±0.2N·m。

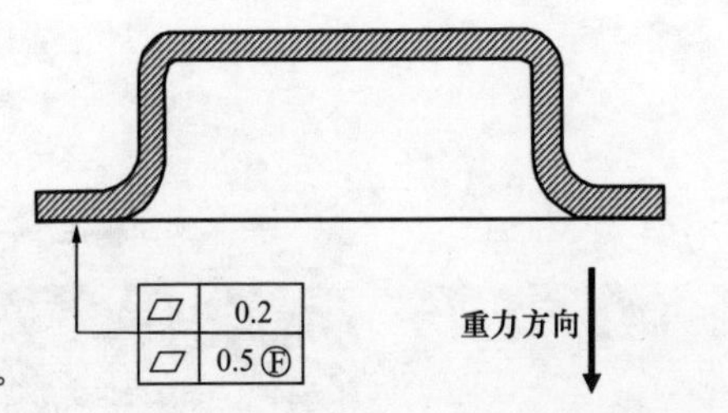


解释

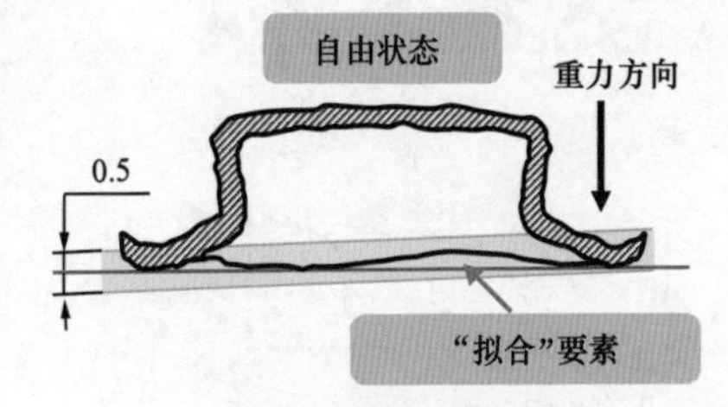


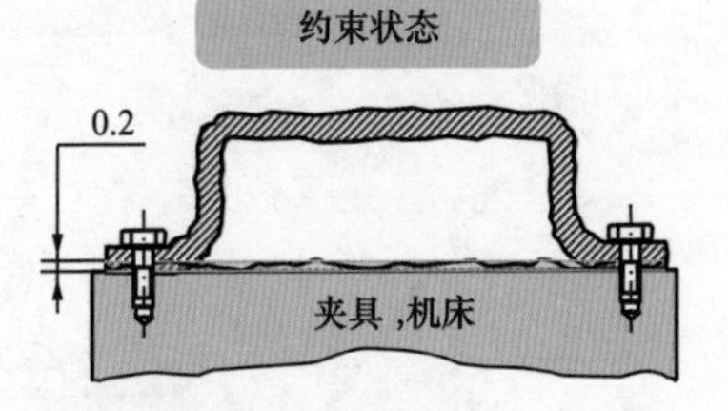


[ISO 10579:2010]

### 附录 A（资料性附录）

重力方向

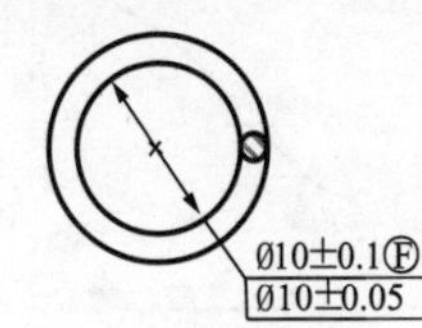


注意:约束装态由以下元素定义：

——位置框格；

——约束施加的位置点；

——这些约束的值；

——…

重力方向

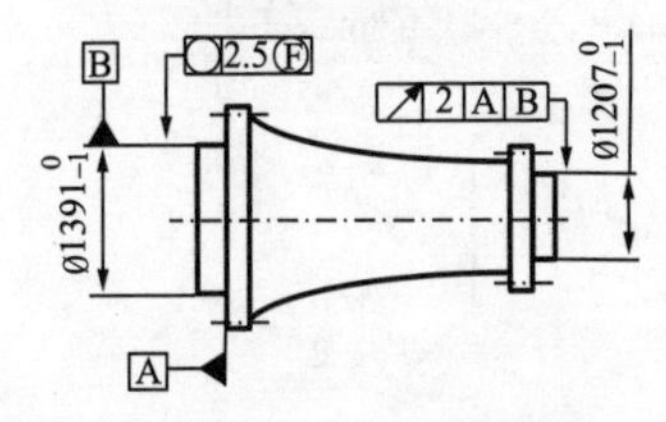


注意:约束状态

图示基准表面A是安装面(由64个M6双头螺栓拧紧到9N·m),图示基准要素*B*被相应材料的最大边界极限要求所约束。

# 边规范

## 定义

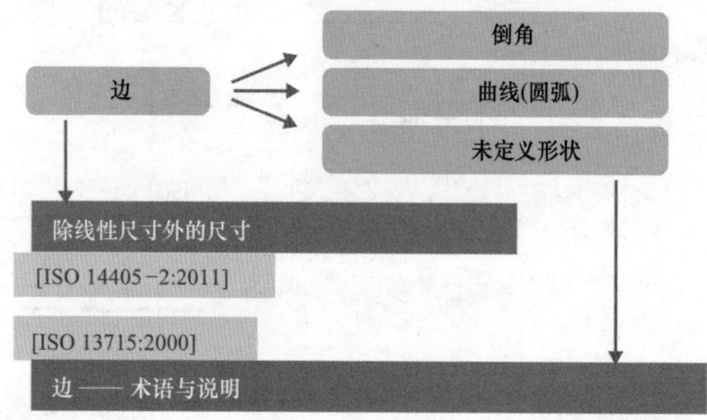

边
倒角
曲线(圆弧)
未定义形状
除线性尺寸外的尺寸
[ISO 14405-2:2011]
[ISO 13715:2000]
边 —— 术语与说明


## 非功能性边

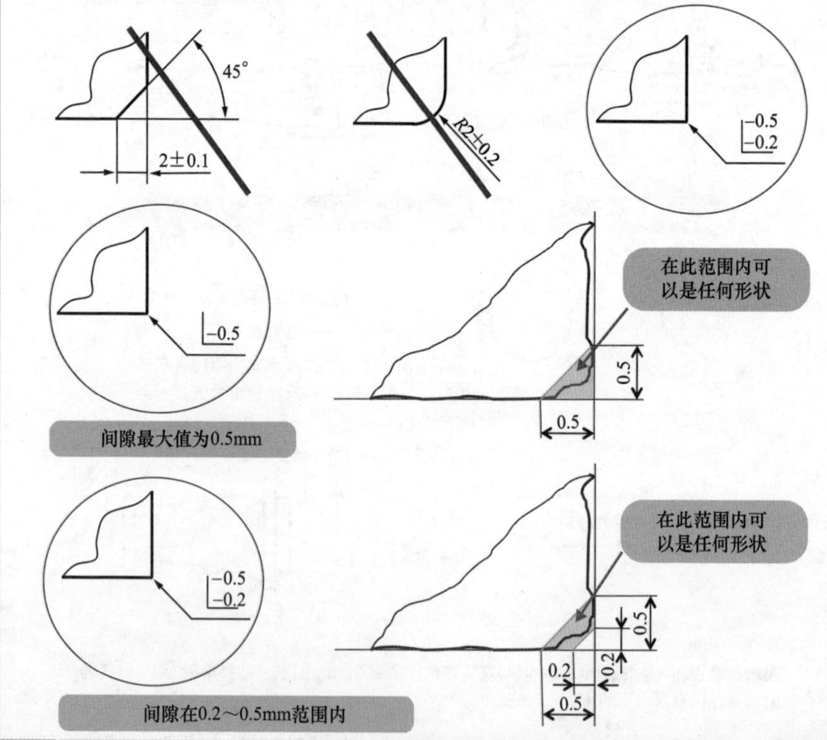

45°
2±0.1
R2±0.2
-0.5
-0.2
-0.5
间隙最大值为0.5mm
在此范围内可以是任何形状
0.5
0.5
-0.5
-0.2
间隙在0.2～0.5mm范围内
在此范围内可以是任何形状
0.5
0.2
0.2
0.5

## 实例

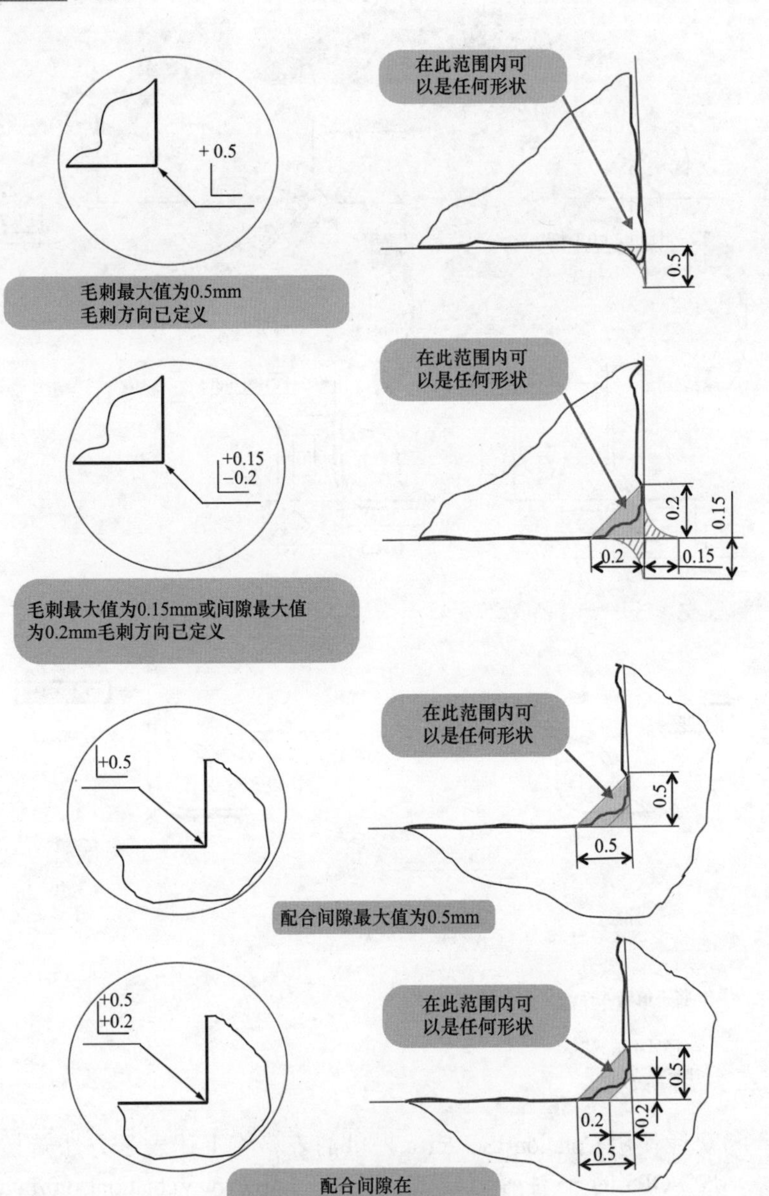
+ 0.5
在此范围内可
以是任何形状
0.5
毛刺最大值为0.5mm
毛刺方向已定义
+0.15
−0.2
在此范围内可
以是任何形状
0.2
0.15
0.2
0.15
毛刺最大值为0.15mm或间隙最大值
为0.2mm毛刺方向已定义
+0.5
在此范围内可
以是任何形状
0.5
0.5
配合间隙最大值为0.5mm
+0.5
+0.2
在此范围内可
以是任何形状
0.5
0.2
0.2
0.5
配合间隙在
0.2～0.5mm范围内

## 功能性边

解释过程存在歧义、不明确的表达方法

XX

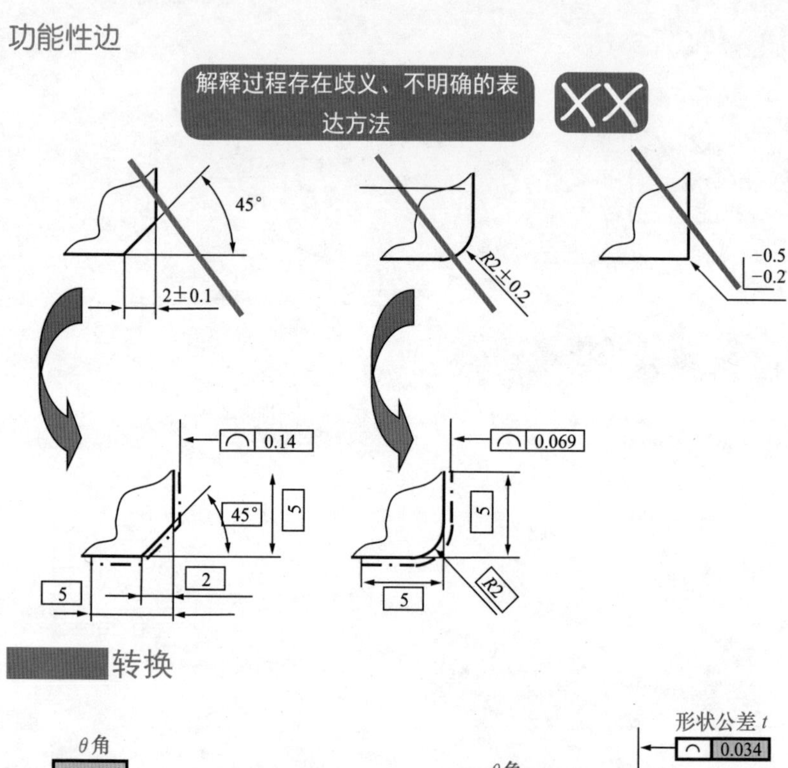


### 转换

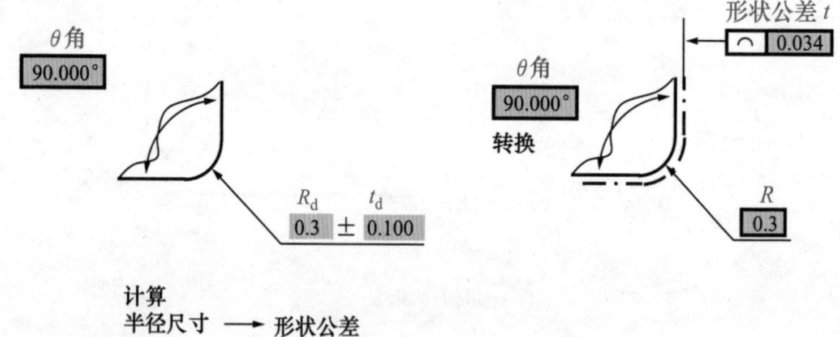


**计算**
**半径尺寸** → **形状公差**

**将下值输入：**

| | | | |
|---|---|---|---|
| **半径最小值：** | 0.2 | $R_{dmin}$ | |
| **半径最大值：** | 0.4 | $R_{dmax}$ | |
| *θ*角： | 90 | *θ* | (°) |

✓ 欢迎使用 Cotation ISO form 提供的表格将上述表示方法转换到 ISO-GPS 的 ± 注释方法或反转换［http://www.cotationiso.fr/rayon-cote-dimensionnelle-specification-par-zone-t333.htm1］

# 测量规范

# 什么是测量?

## 定义

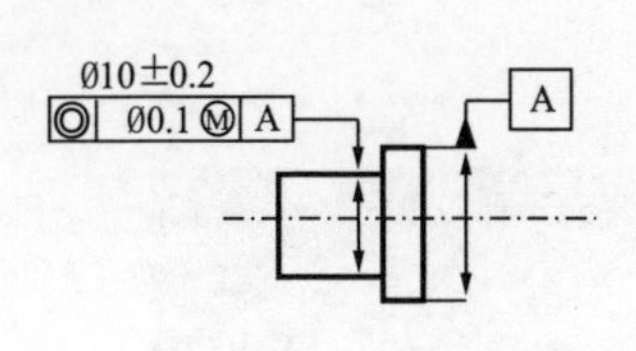


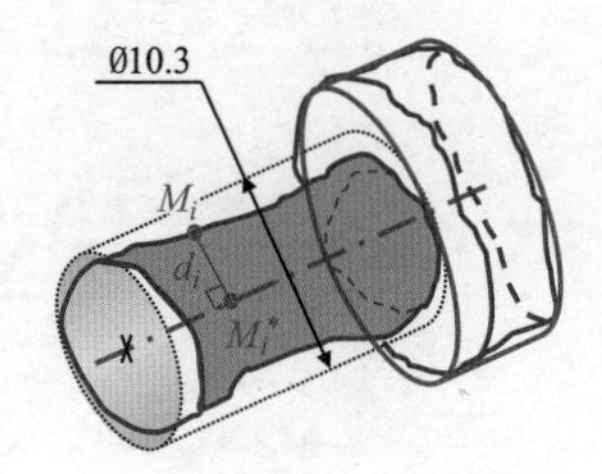


测量规范就是通过从非理想表面模型上确定几何要素的操作而获得特征定义尺寸分布状况的规定和方法。

- 分布状况：$d_{max} \leqslant 10.3/2$
- 尺寸：线性
- 特征：$d_{max}=d_{max}$（$M_i, M'_i$）
- 操作：

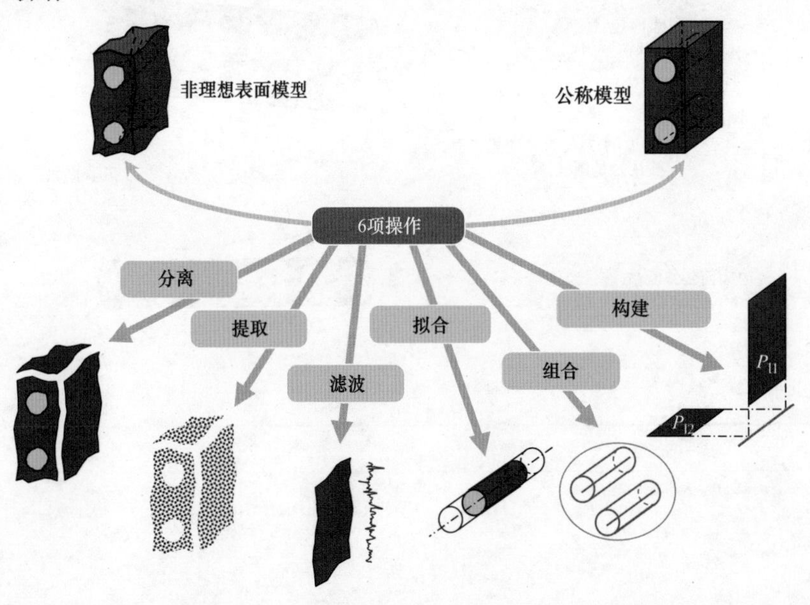

检测 = 依赖于 → 尺寸 与 形状

[ISO 14405-1:2010]

3.3 外表面包容要求

[ISO 2692:2006]

4.2 最大实体要求（MMR）
4.3 最小实体要求（LMR）
5 可逆要求（RPR）

测量应用于尺寸要素，严格要求其为：
——圆柱体；
——或两平行相对平面。

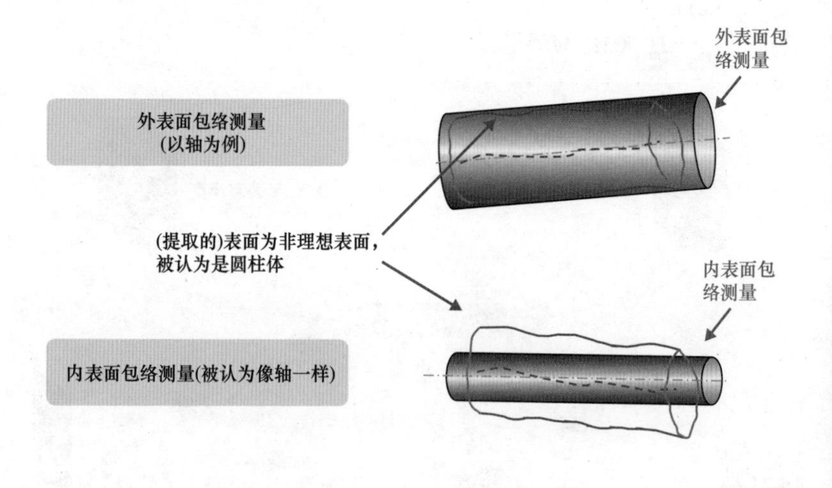

# 轴孔间隙

## 工件与工件间的最小间隙

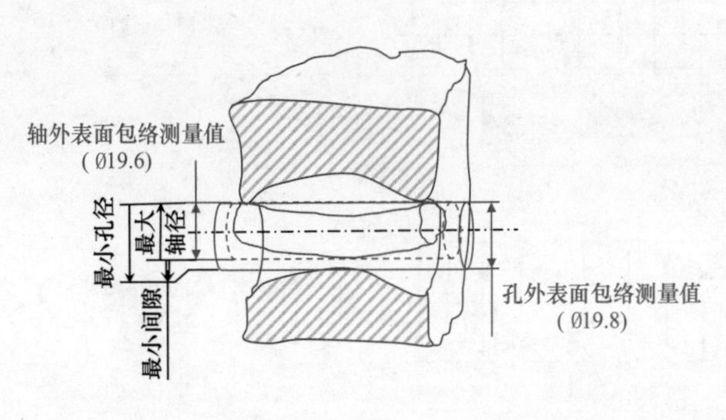


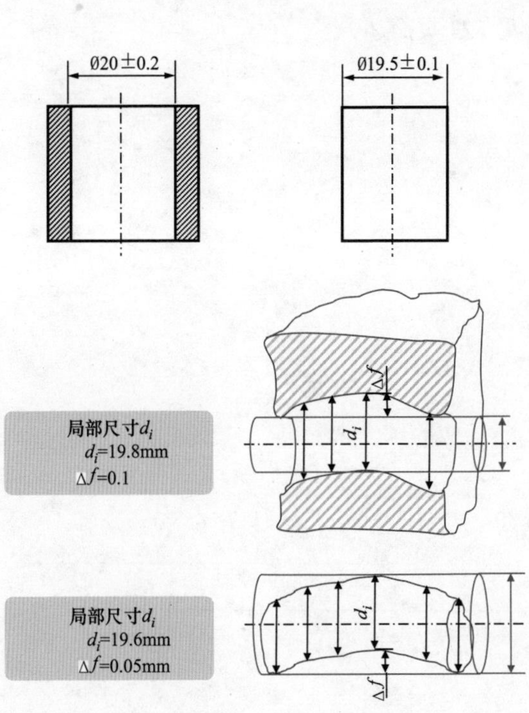

## 用什么表达方法来明确测量？

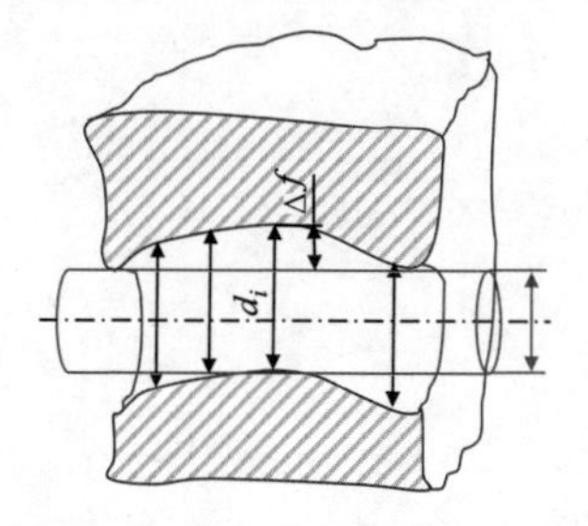


**外表面包络测量**
Ø孔=19.7mm

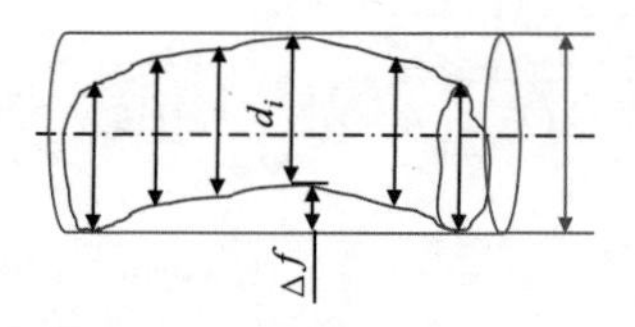


**外表面包络测量**
Ø轴=19.65mm

*（答案：见 123 页概述）*

## Ⓔ包容要求

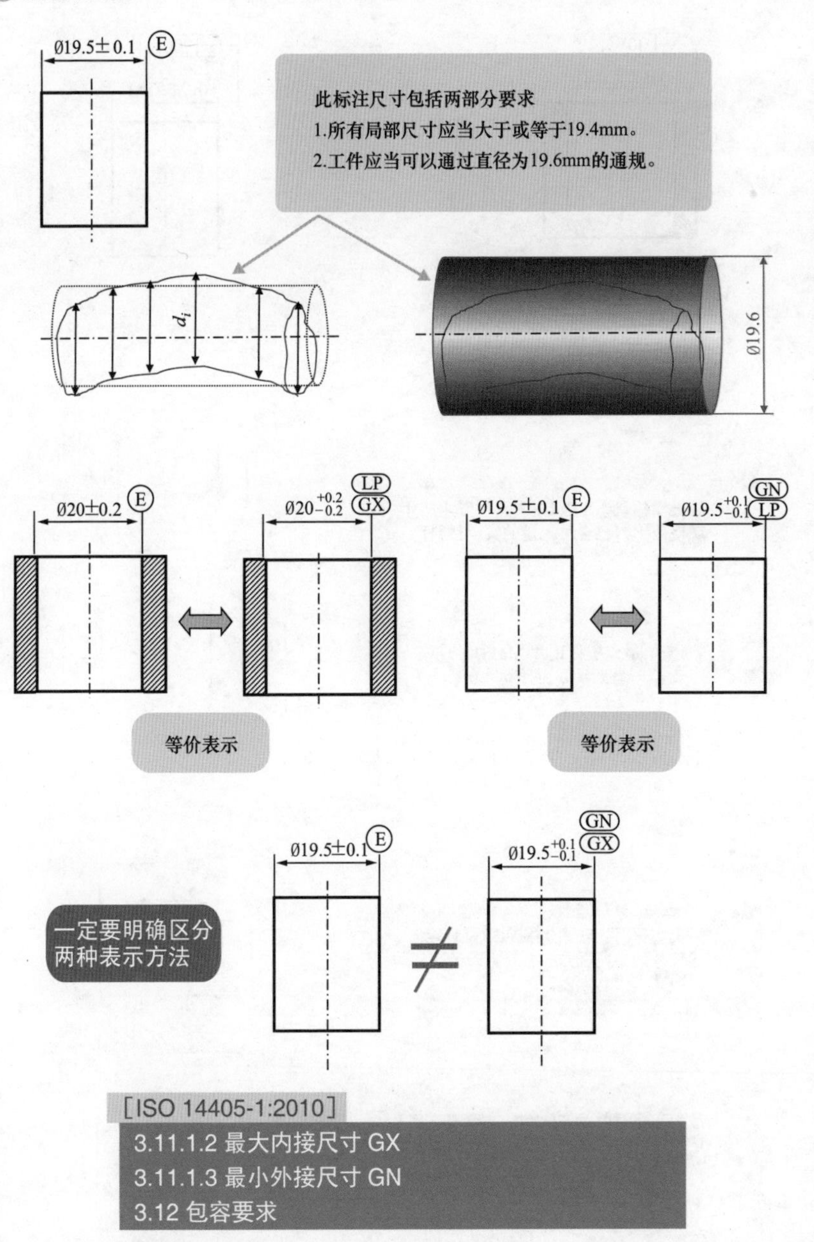


［ISO 14405-1:2010］

3.11.1.2 最大内接尺寸 GX

3.11.1.3 最小外接尺寸 GN

3.12 包容要求

## Ⓜ 最大实体要求

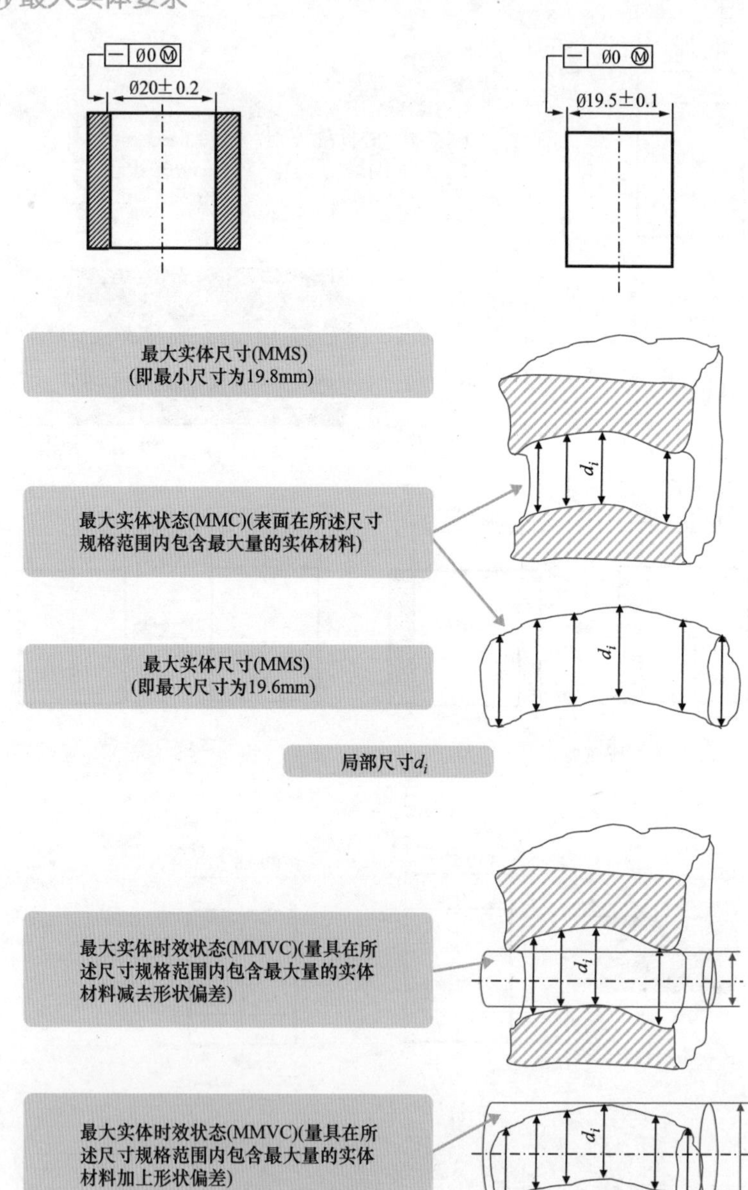
— Ø0 Ⓜ
Ø20±0.2
— Ø0 Ⓜ
Ø19.5±0.1
最大实体尺寸(MMS)
(即最小尺寸为19.8mm)
最大实体状态(MMC)(表面在所述尺寸规格范围内包含最大量的实体材料)
最大实体尺寸(MMS)
(即最大尺寸为19.6mm)
$d_i$
局部尺寸$d_i$
最大实体时效状态(MMVC)(量具在所述尺寸规格范围内包含最大量的实体材料减去形状偏差)
最大实体时效状态(MMVC)(量具在所述尺寸规格范围内包含最大量的实体材料加上形状偏差)

## 工件与工件间的最小间隙（总结）

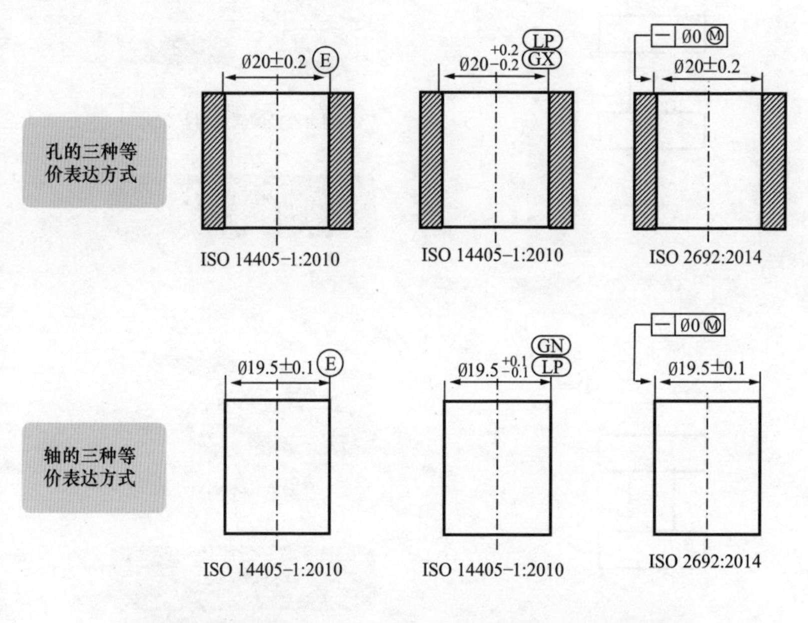


[ISO 2692:2006]

3.5 最大实体状态（MMC）
3.6 最大实体尺寸（MMS）
3.8 最大实体时效尺寸（MMVS）
3.9 最大实体时效状态（MMVC）
3.13 最小实体要求（LMR）

## 功能轴承的最小间隙

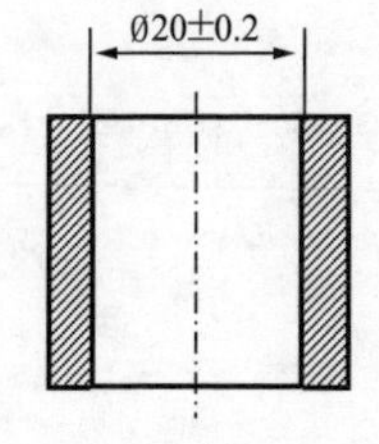


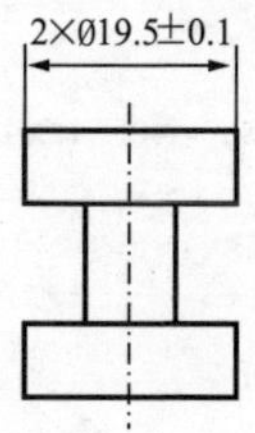

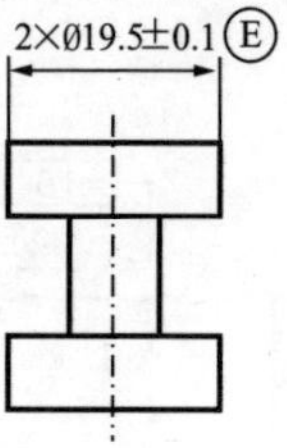

2×Ø19.5±0.1 Ⓔ

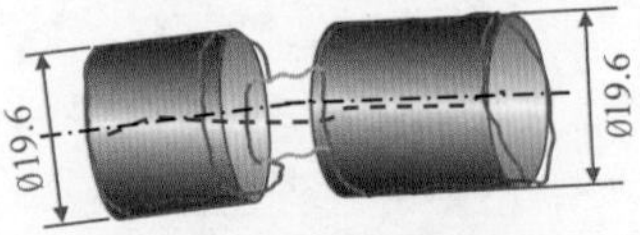

Ø19.6 Ø19.6

两个外径的测量相互独立

此种表示未指明关联要求

## CT 公共尺寸要素

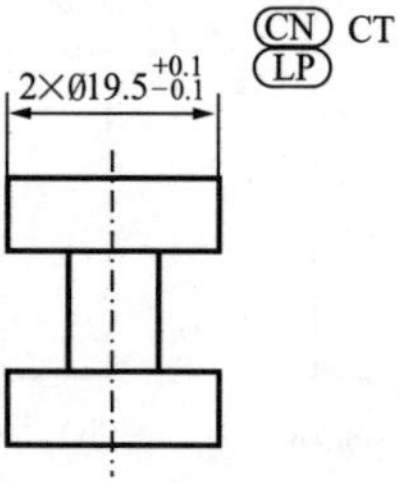

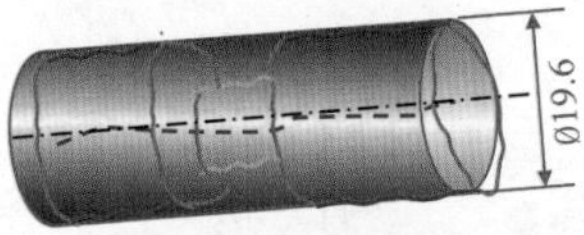

$2\times Ø19.5^{+0.1}_{-0.1}$ (CN) CT (LP)

Ø19.6

只有一个测量

此种表示指明了关联要求

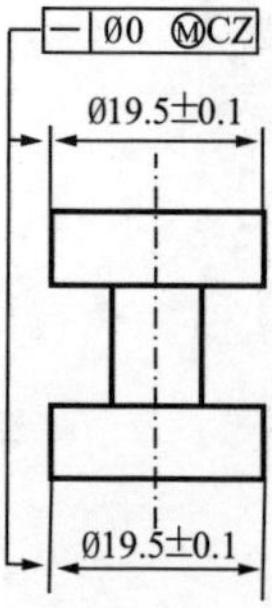

| — | Ø0 | Ⓜ CZ |

Ø19.5±0.1

Ø19.5±0.1

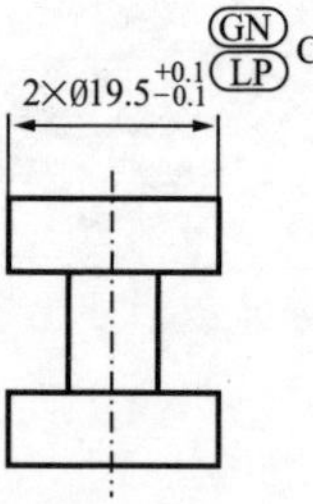

$2\times Ø19.5^{+0.1}_{-0.1}$ (GN) (LP) CT

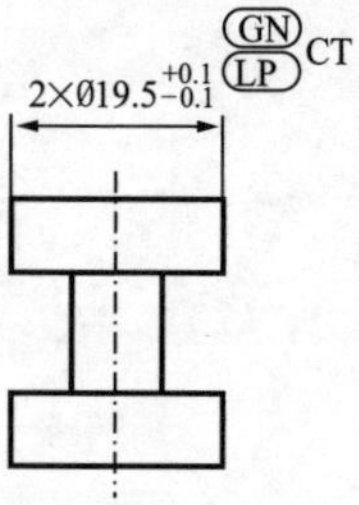

$2\times Ø19.5^{+0.1}_{-0.1}$ (GN) (LP) CT

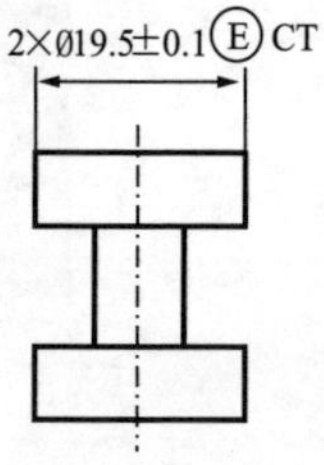

2×Ø19.5±0.1 Ⓔ CT

ISO 2692:2014 ISO 14405-1:2010

等价表示

ISO 14405-1:2010 ISO 14405-1:2010

等价表示

## 最小间隙/方向约束“轴”

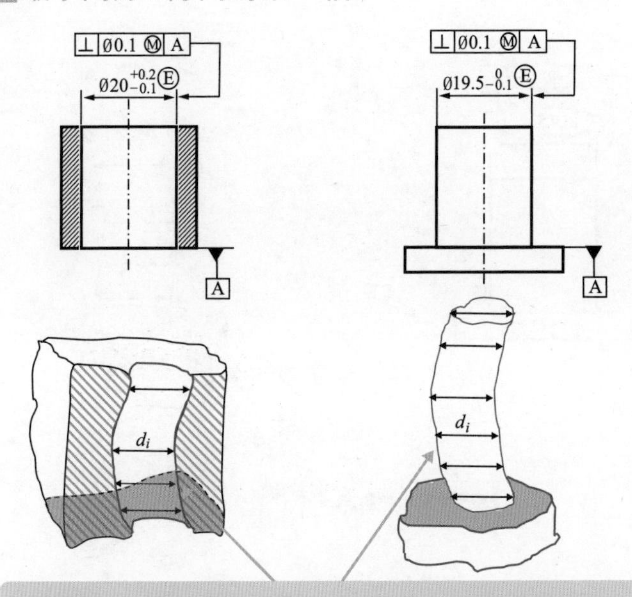


最大实体状态(MMC)(表面在所述尺寸规格范围内包含最大量的实体材料)

最大实体状态(MMC)(即轴的最大尺寸为19.6mm，孔的最小尺寸为19.8mm)

最大实体时效状态(MMVC)[即最大实体时效尺寸(MMVS)拟合要素的状态，垂直于基准A所在的平面]

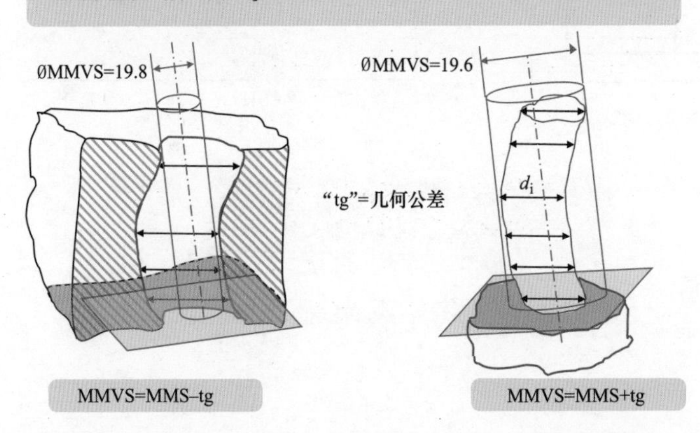


MMVS=MMS−tg

MMVS=MMS+tg

## Ⓡ可逆

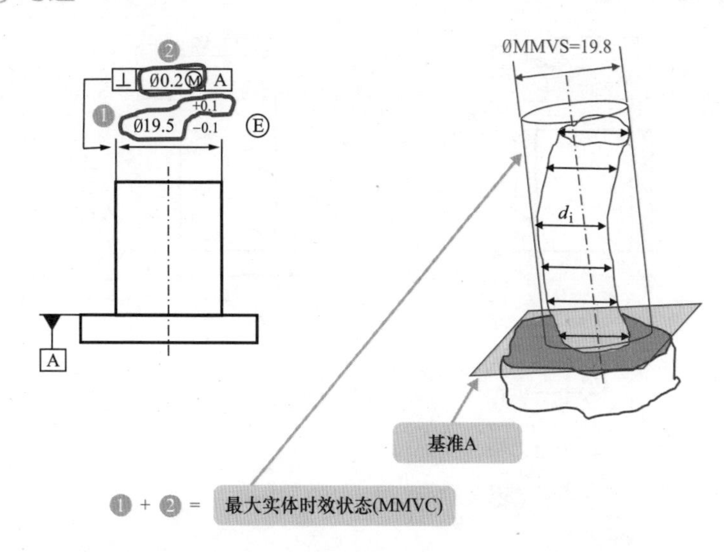


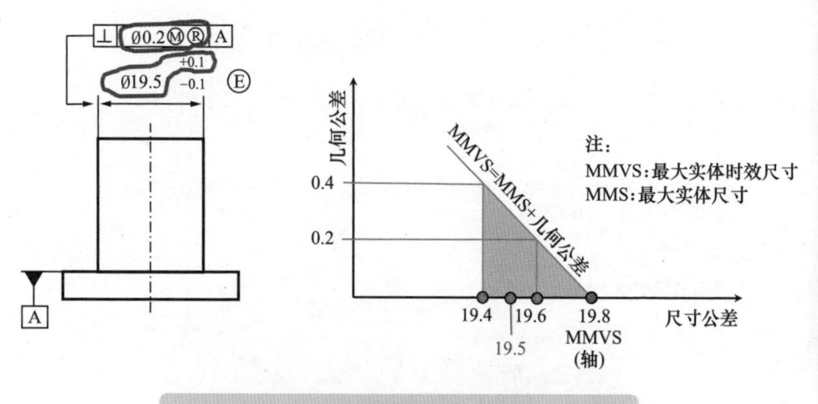


可逆要求符号Ⓡ使得尺寸规范的最大值发生改变(在最大实体要求下)

最大尺寸为19.5mm+0.1mm+0.2mm=19.8mm

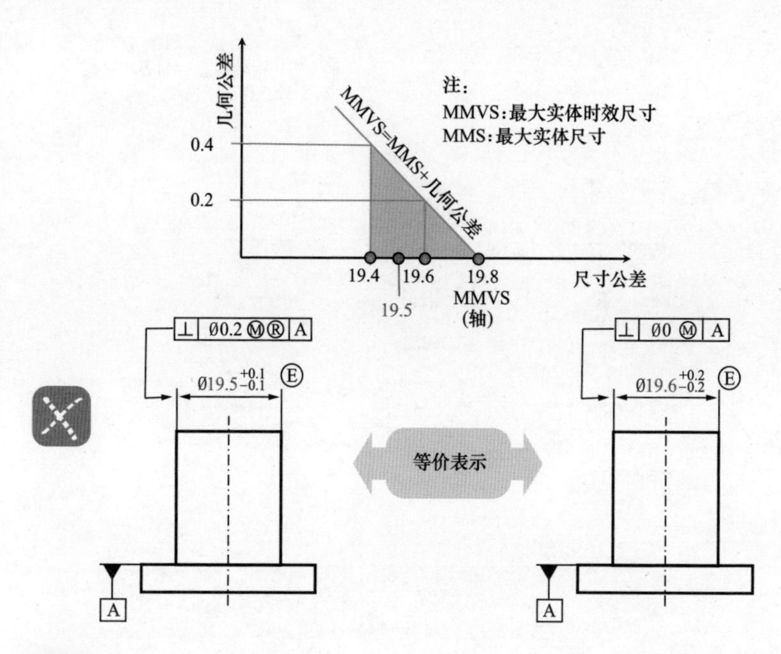

注意:功能范围相同。此表示方法(可逆要求)只在与重力类或HCCP(ranking of product process characterisics，产品工艺特性排序)类一同使用时才有用。

## 分别测量

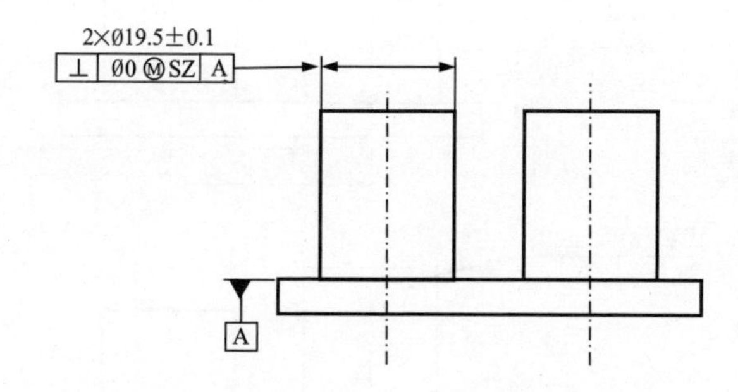

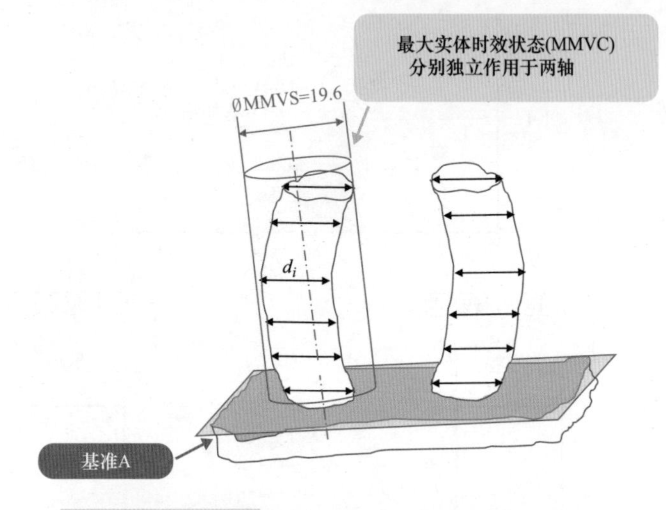


[ISO 2692:2014]

4.21 规则 D- 注 4：为明确要求是分开实施的，在Ⓜ附加符号之后应当使用 SZ 附加符号

组合测量

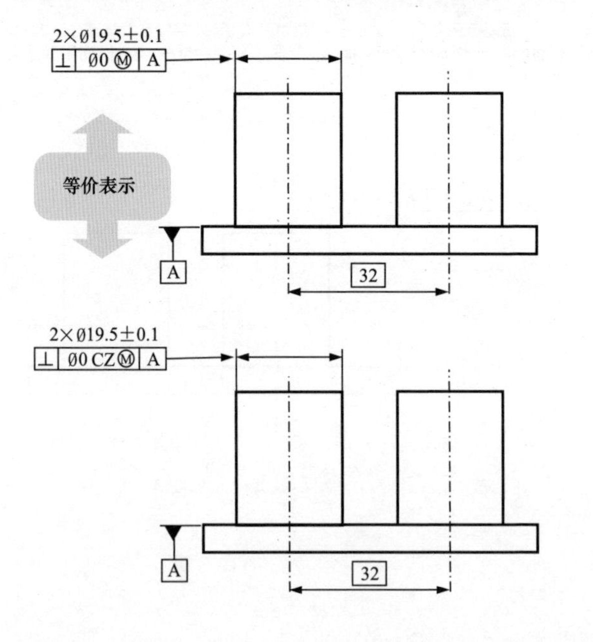

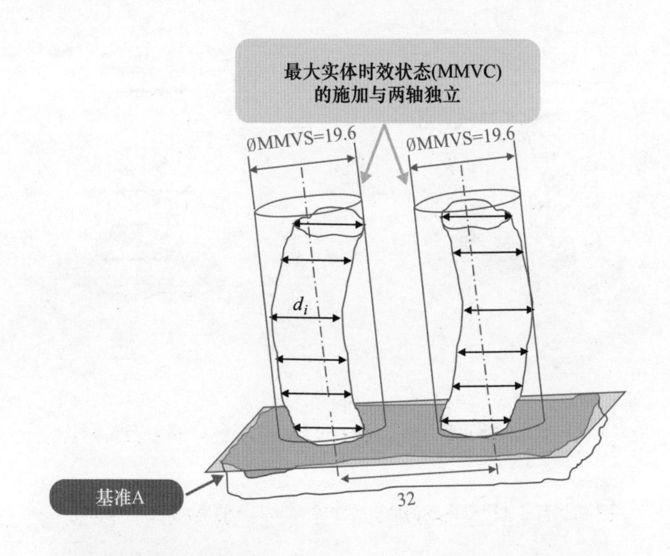


[ISO 2692:2014]

4.2.1 规则 D- 注 4：除Ⓜ外无其他附加符号，其含义完全等同于Ⓜ，与 CZ 附加符号同时使用

## 最大间隙 / 方向约束“轴”

### Ⓛ 最小实体要求

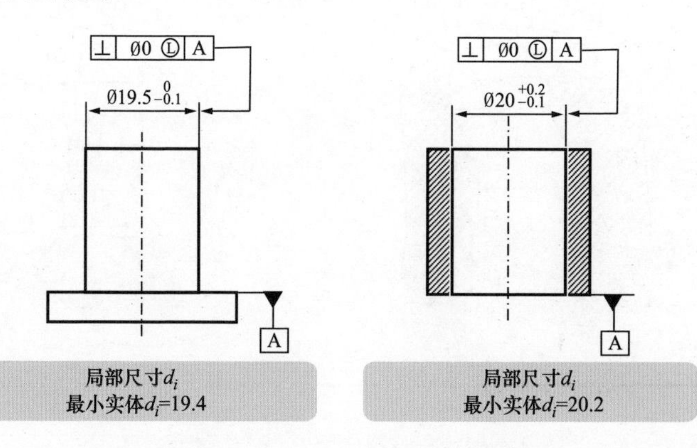

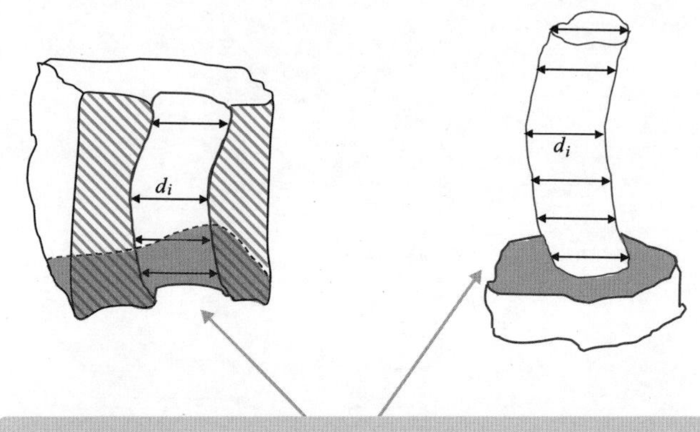


最小实体状态(LMC)(表面包含所述尺寸约束状态下最小量的实体材料)

最小实体尺寸(LMS)(即轴的最小尺寸19.4mm，孔的最大尺寸20.2mm)

---

最小实体时效状态(LMVC)[即最小实体时效尺寸(LMVS)拟合要素的状态。垂直于基准A所在的平面]

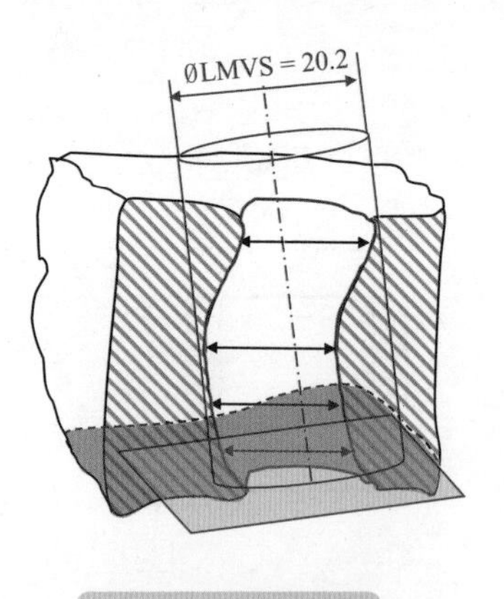


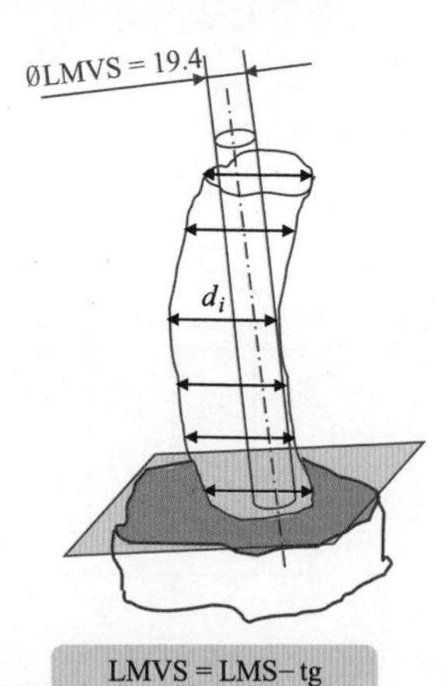


LMVS = LMS + tg

LMVS = LMS− tg

此处示例中，假设几何公差值为0

## 装配间隙

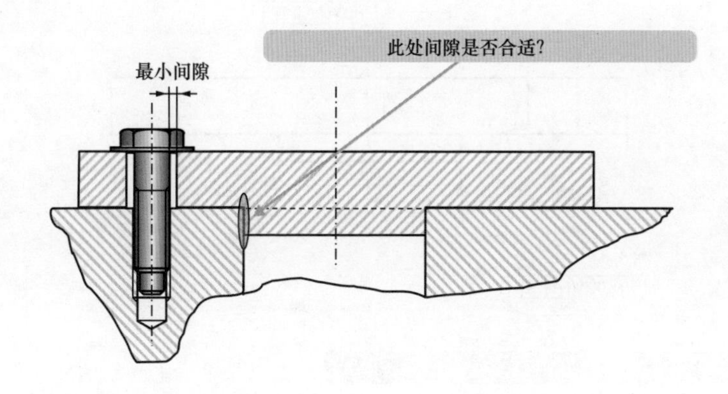
此处间隙是否合适?
最小间隙

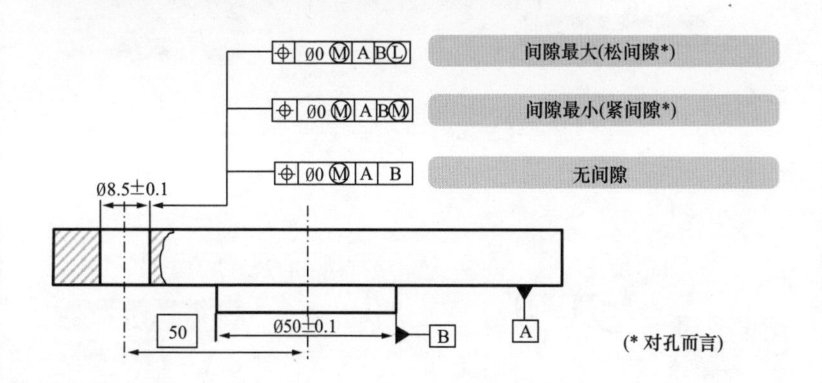
以接触面B为研究对象，针对设计控制要求，螺栓和螺栓孔间最小间隙如何假设?
⌖ Ø0 Ⓜ A B Ⓛ
间隙最大(松间隙*)
⌖ Ø0 Ⓜ A B Ⓜ
间隙最小(紧间隙*)
⌖ Ø0 Ⓜ A B
无间隙
Ø8.5±0.1
50
Ø50±0.1
B
A
(* 对孔而言)

## 1- 无间隙

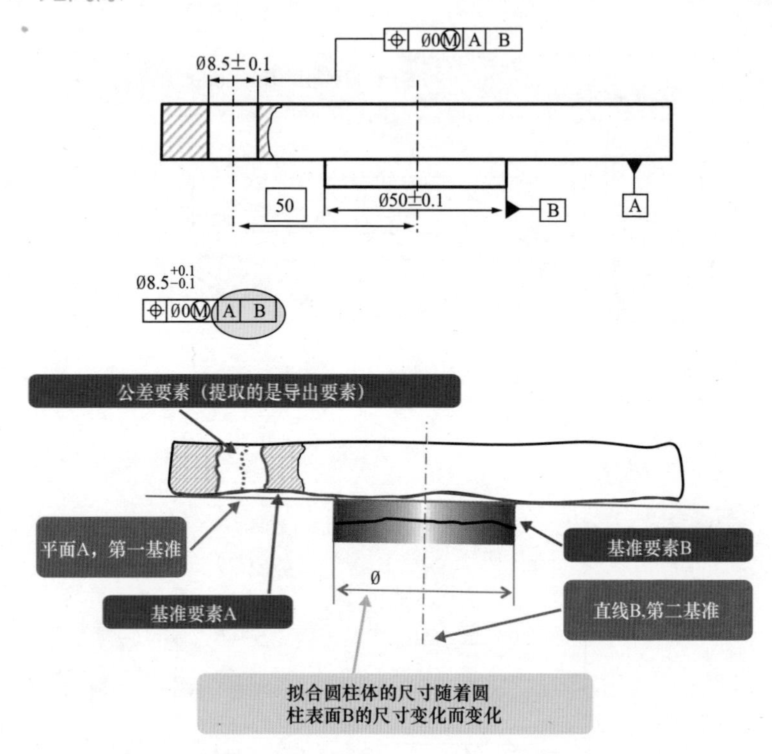

Ø8.5±0.1
⌖ Ø0Ⓜ A B
50
Ø50±0.1
B
A
Ø8.5 +0.1 −0.1
⌖ Ø0Ⓜ A B
公差要素（提取的是导出要素）
平面A，第一基准
基准要素A
基准要素B
Ø
直线B,第二基准
拟合圆柱体的尺寸随着圆
柱表面B的尺寸变化而变化


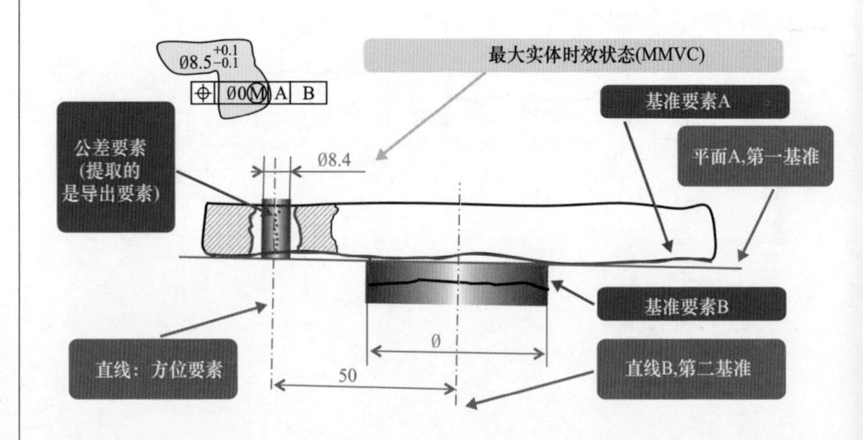

Ø8.5 +0.1 −0.1
⌖ Ø0Ⓜ A B
最大实体时效状态(MMVC)
基准要素A
平面A,第一基准
公差要素
(提取的
是导出要素)
Ø8.4
基准要素B
Ø
直线：方位要素
50
直线B,第二基准

## 2- 松间隙

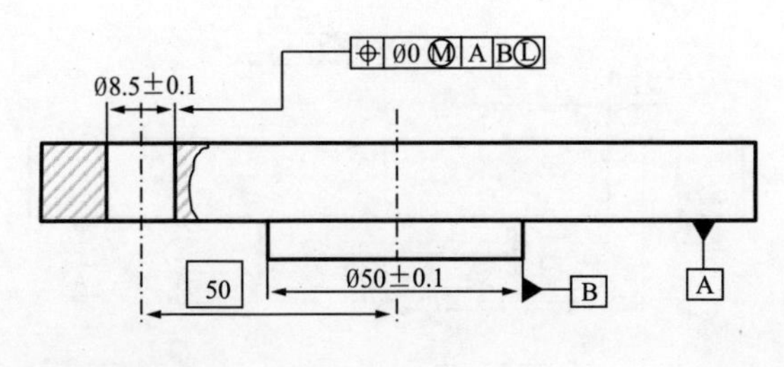

⌖ Ø0 Ⓜ A BⓁ
Ø8.5±0.1
50
Ø50±0.1
B
A


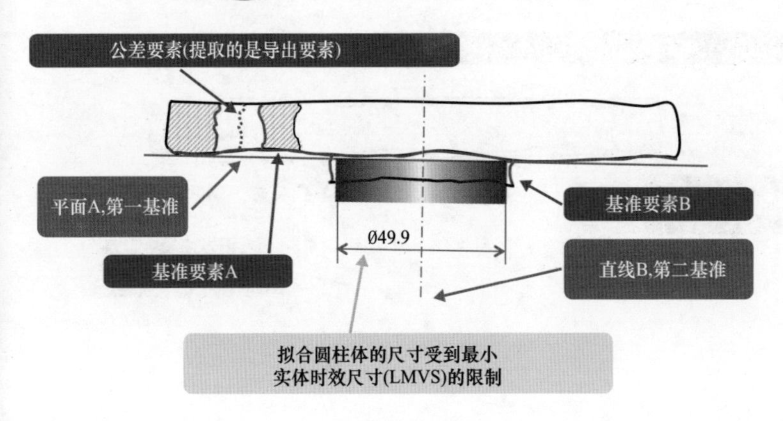

Ø8.5 +0.1 −0.1
⌖ Ø0 Ⓜ A BⓁ
公差要素(提取的是导出要素)
平面A,第一基准
基准要素A
基准要素B
Ø49.9
直线B,第二基准
拟合圆柱体的尺寸受到最小
实体时效尺寸(LMVS)的限制


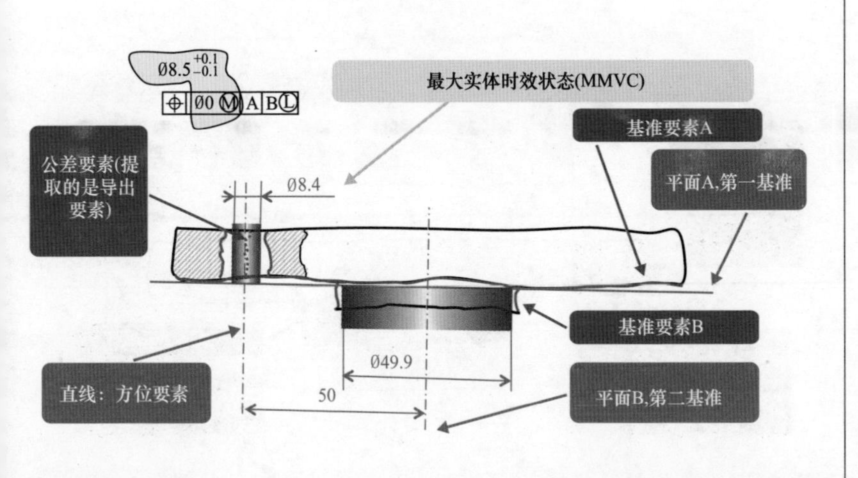

Ø8.5 +0.1 −0.1
⌖ Ø0 Ⓜ A BⓁ
最大实体时效状态(MMVC)
基准要素A
平面A,第一基准
公差要素(提取的是导出要素)
Ø8.4
基准要素B
Ø49.9
直线：方位要素
50
平面B,第二基准

## 3- 紧间隙

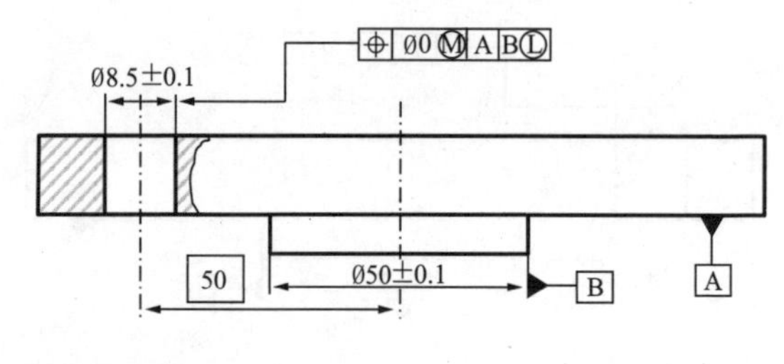
Ø8.5±0.1
Ø0 Ⓜ A B Ⓛ
50
Ø50±0.1
B
A

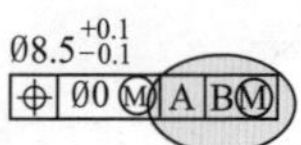
Ø8.5+0.1 -0.1
Ø0 Ⓜ A B Ⓜ

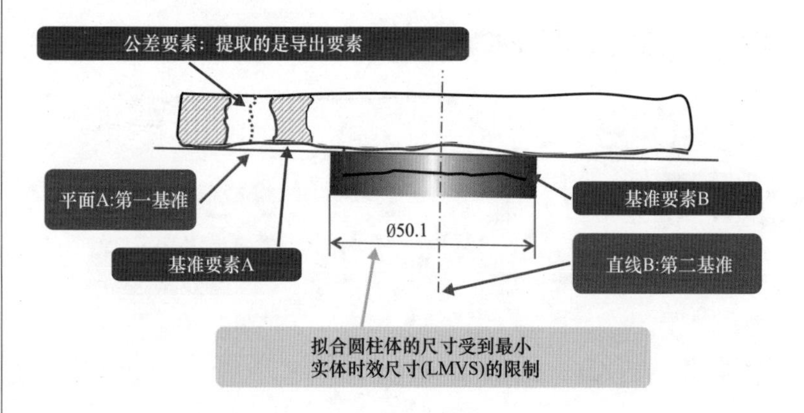
公差要素：提取的是导出要素
平面A:第一基准
基准要素A
基准要素B
Ø50.1
直线B:第二基准
拟合圆柱体的尺寸受到最小
实体时效尺寸(LMVS)的限制

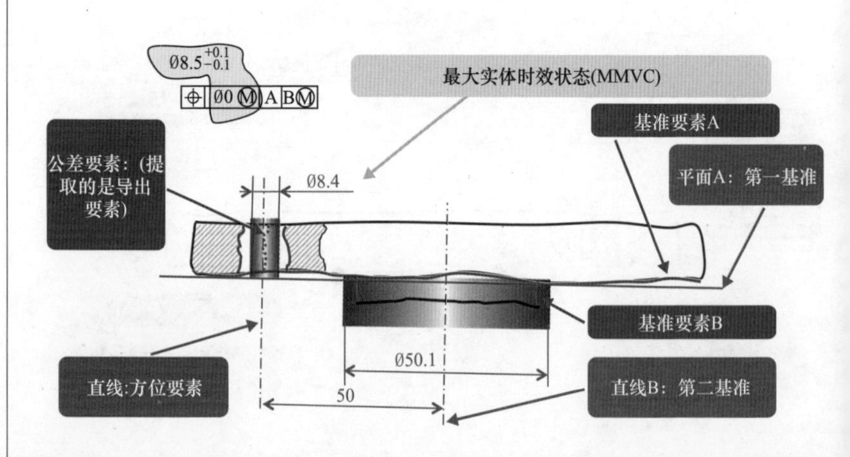
Ø8.5+0.1 -0.1
Ø0 Ⓜ A B Ⓜ
最大实体时效状态(MMVC)
基准要素A
平面A：第一基准
公差要素：(提取的是导出要素)
Ø8.4
基准要素B
Ø50.1
直线:方位要素
50
直线B：第二基准

## 施加在基准要素上的Ⓜ

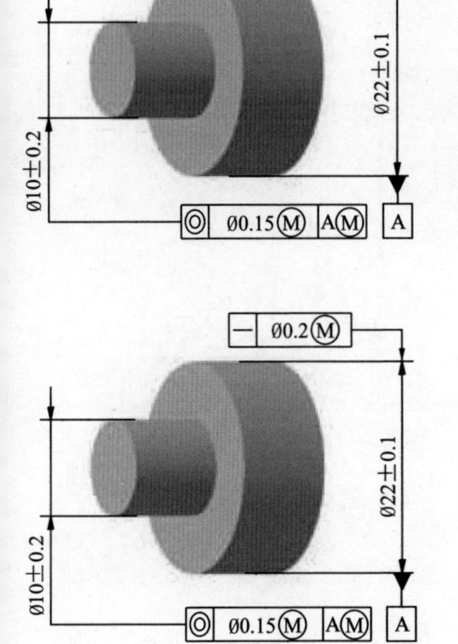
Ø10±0.2
Ø22±0.1
Ø0.15Ⓜ AⓂ
A
Ø0.2Ⓜ
Ø10±0.2
Ø22±0.1
Ø0.15Ⓜ AⓂ
A

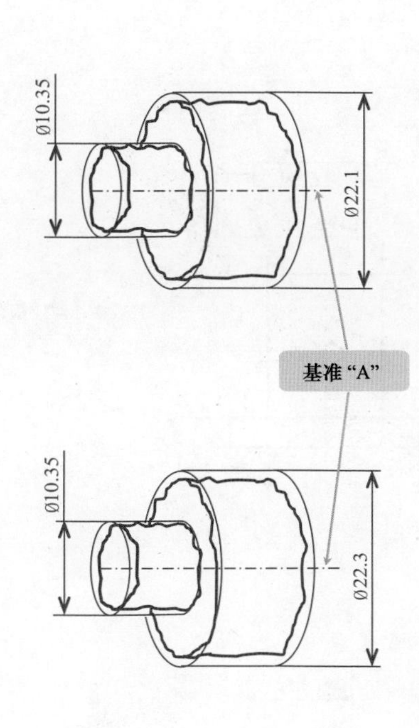
Ø10.35
Ø22.1
基准“A”
Ø10.35
Ø22.3

# 图表

## 动态公差图

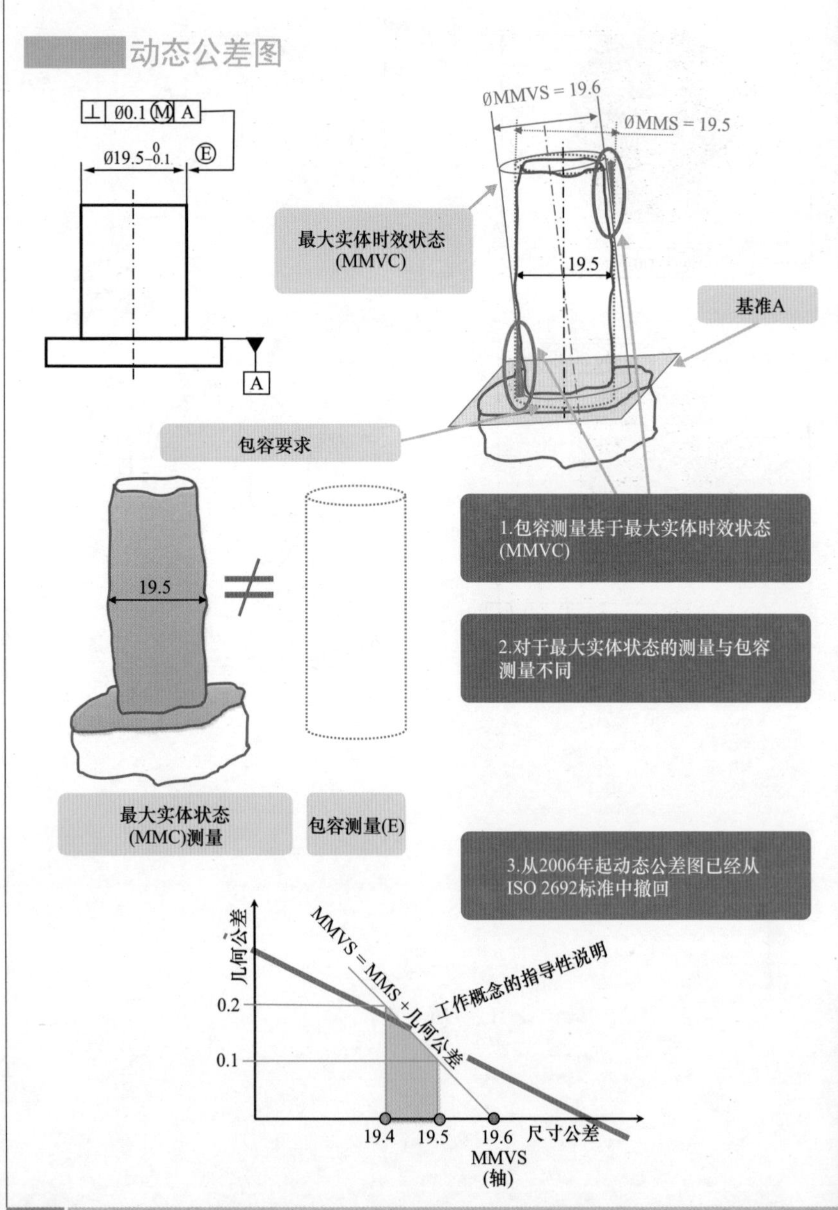
⊥ Ø0.1 Ⓜ A
Ø19.5$^{0}_{-0.1}$ Ⓔ
A
ØMMVS = 19.6
ØMMS = 19.5
最大实体时效状态
(MMVC)
19.5
基准A
包容要求
19.5
1.包容测量基于最大实体时效状态
(MMVC)
2.对于最大实体状态的测量与包容
测量不同
最大实体状态
(MMC)测量
包容测量(E)
3.从2006年起动态公差图已经从
ISO 2692标准中撤回
几何公差
MMVS = MMS +几何公差
工作概念的指导性说明
0.2
0.1
19.4
19.5
19.6
尺寸公差
MMVS
(轴)

# 计量学分支

# 什么是计量学?

## 定义

计量学可被认为是：
——一门科学：测量的科学；
——一组技术。
仪器：
——三坐标测量仪（CMM）；
——传统测量设备。

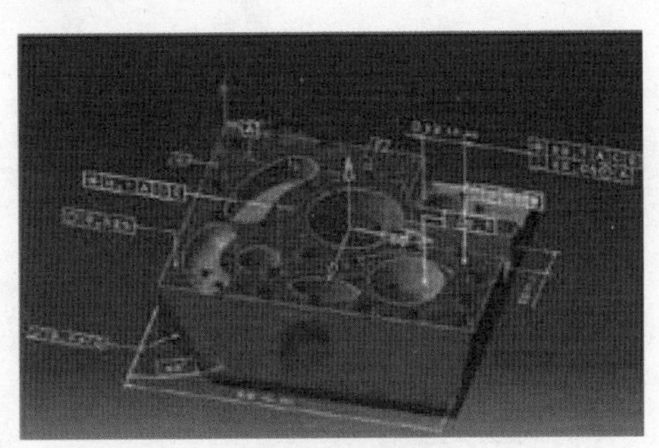

指定产品模型(规范)

指定特征(规范)使用ISO-GPS作为元语言进行解码。
分析(验证)则通过生产以及执行检验计划进行。

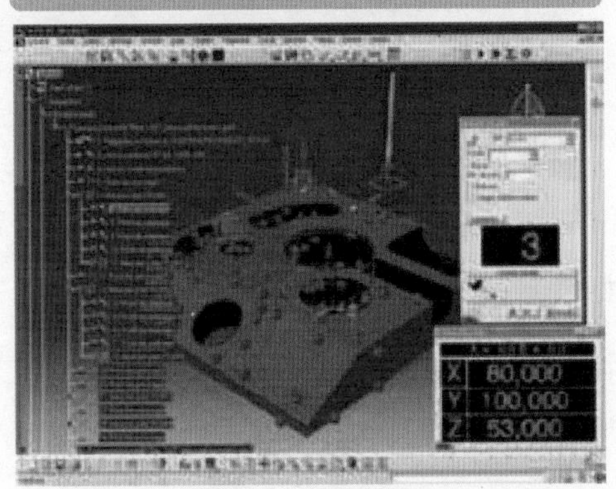


验证产品模型(验证)

# CMM 测量技术

## 坐标测量原则

### 阶段 1—获取实际读数

实际工件表面上的数据通过一组点来获取。

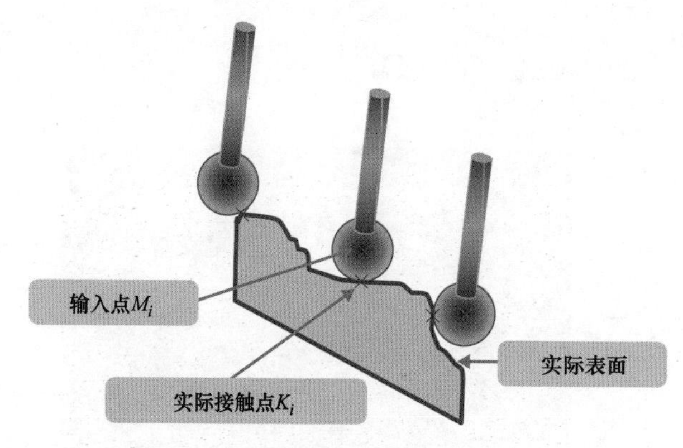


测量空间转换到正交坐标系 <R> 中。

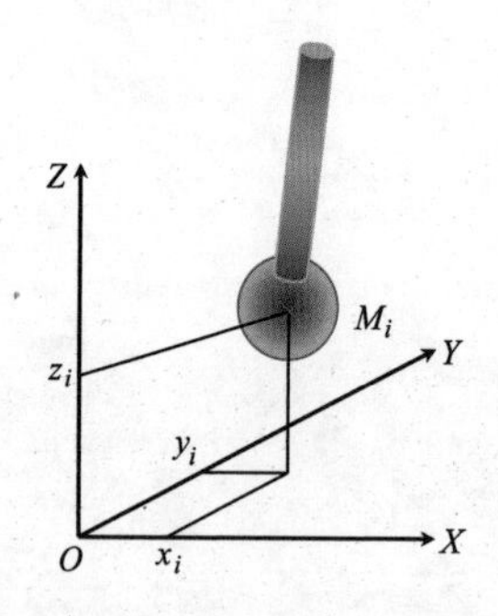


正交坐标系 <R> 中的每个点由其坐标值确定。

## 阶段 2—处理点

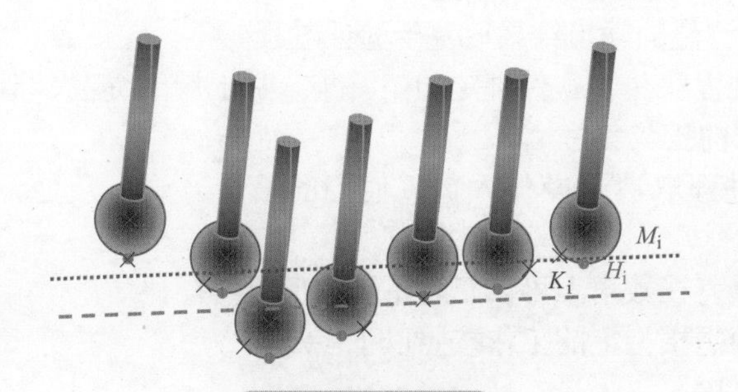


M: 输入点
K: 目标点
H: 修正点

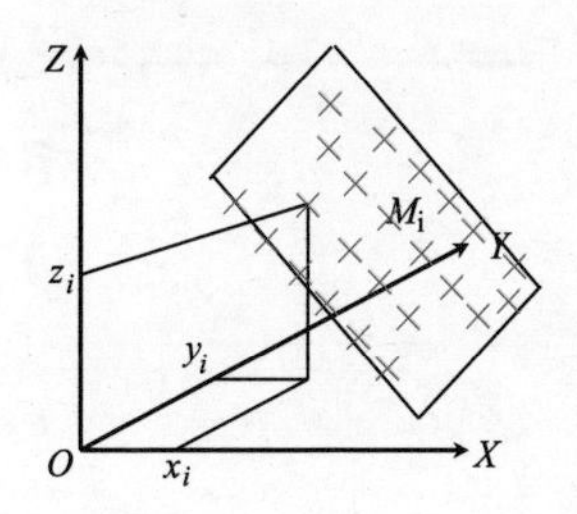


根据（操作）准则给每组点集分配一个理想要素。

通过 3D 测量软件可以：

——拟合理想单一要素（直线、平面、圆、圆柱面、球面、锥面，或者由任一点和法线定义的面）到一组测量点上。拟合过程可以有约束或者没有约束，并且要根据目标准则（最常用的为最小化测量点与拟合要素之间距离的平方和）进行。

——建立理想要素：点、直线、平面以及坐标。

——计算理想要素间的距离和角度。

——通过软件绑定的宏进行 ISO-GPS 几何公差测量（黑箱测试）。

## CMM 测量

CMM 测量的输出结果取决于验证过程。

验证过程取决于软件绑定的工具集，加上用于提取、拟合、建立和计算特征的工具集。

验证过程取决于操作人员、他们的培训方式以及他 / 她的开发经验。

方法误差在数量上可以忽略不计，但仍值得评估。

在非理想模型上的工作按照以下步骤：

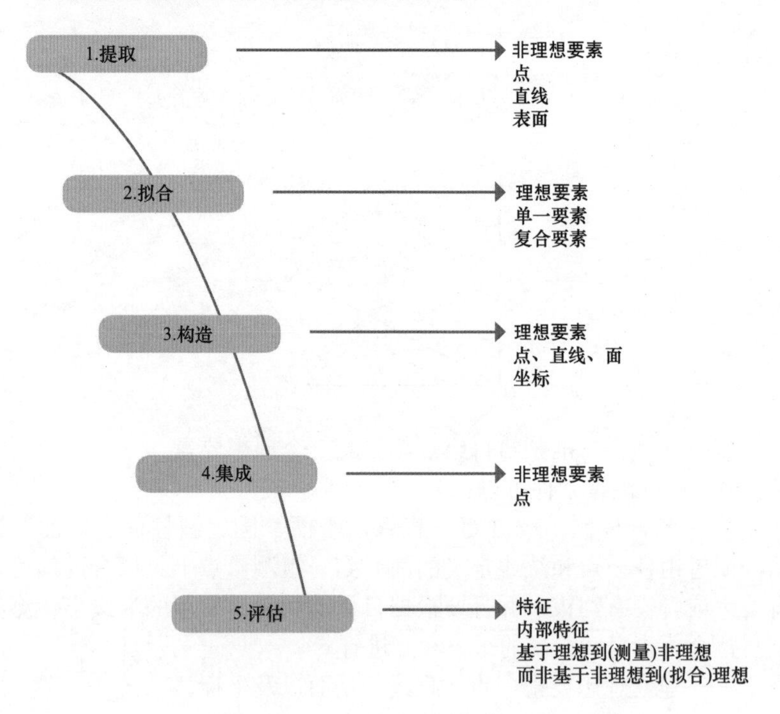

# 传统检测方法

## 目标

- 生产符合规格的工件。
- 确定用于刀具调整的偏差。
- 检测生产设备的性能。
- 生成过程控制图表。
- 快速反应。
- 降低成本。

对于可制造性（问题），测量是很重要和有用的。只检测与可制造性相关或对其有影响的对象。

对于制造过程有更深刻的理解。

## 应用检验——实例

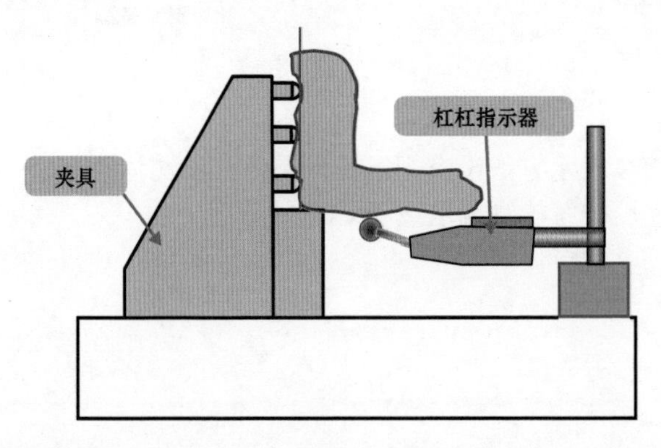


线 - 边检测应当应用到生产设施过程监控最有用的规范中。

通过基准要素的支持，建立物理基准。

直接评估特征或者通过计算评估特征。

选用的方法应当与标准参考方法进行对比，从而保证客观。

在非理想模型上的工作按照以下步骤进行：

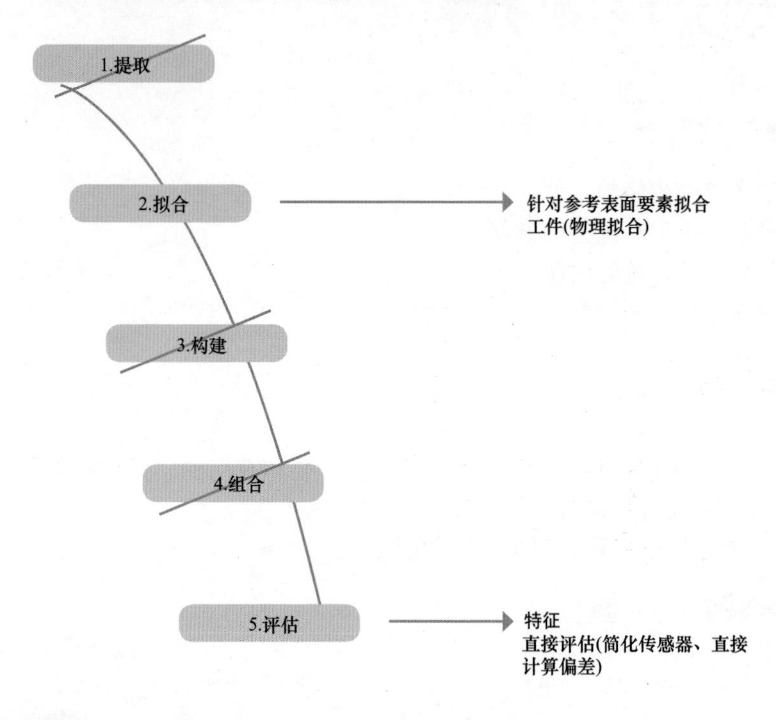


## 体系选择

ISO-GPS 表示方法没有规定任何具体的检测体系。
可以使用传统检测方法或者 CCM 检测。

参考文献

后序

词汇表

索引

# 参考文献


Frédéric Charpentier,

– “ Décodage des spécifications géométriques ”, Technologie. Sciences et techniques industrielles, No. 174, May-June 2011.

– “Les nouvelles normes, une évolution nécessaire”, Technologie. Sciences et techniques industrielles, No.151, Sept.-Oct. 2007.

– “Un langage de spécification univoque, formation aux normes ISO-GPS de tolé-rancement, concepteurs produit/process”, Renault Training programme, January 2009.

Frédéric Charpentier, Jean-Marc Prenel,

– “Les normes ISO-GPS. Une fracture dans l’apprentissage (première partie)” ,Technologie. Sciences et techniques industrielles, n ° 164, CNDP, nov.-déc. 2009.

– “Les normes ISO-GPS. Une fracture dans l’ apprentissage (deuxième partie)”, Technologie. Sciences et techniques industrielles, No.165, Jan.-Feb. 2010.

Frédéric Charpentier, Jean-Marc Prenel, Jérémy Duménil,

– “Le TAFT, un outil pour la capitalisation de l’ AFT”, Technologie. Sciences et techniques industrielles, No.148, March 2007.

Frédéric Charpentier, Alex Ballu, Jérôme Pailhès

– “Le processus de modélisation par l’ exemple”, Technologie. Sciences et techniques industrielles, No。190, March 2014.

# 后序

## 标志雪铁龙

产品几何技术规范（GPS）通常叫作“公差标注”，是所有工程企业都要涉及的一种关键活动。不论是内部生产还是外包生产，它使得研发团队都可以对机械装置或机械零件定义满足功能的几何尺寸和尺寸限度。

对于制造部门而言，其关于技术产品文档的表述构成了与设计部门谈判的“几何合同”。对于质量控制部门（计量部），GPS 是几何监控计划输入的数据。因此，公差成为了从研发工程师到制造商，再到计量人员所有流程上相关人员使用的原始交流工具。出于这些原因，它的表达需要简单、通用和意义明确。

ISO-GPS 标准在国际框架里为这种通用语言提供“基石”。这些标准有一部分已经存在了近三十年，最近才得到了期待已久的更新。标准的修订进程加快了步伐，之前未覆盖的所有重点领域都已实现标准化。这些新的需求反映了基础工业真正关心的问题（例如：三维公差、线性尺寸的清晰定义、基准和基准体系的构造规则等）。

虽然全球化趋势已经形成，但是新概念的定义仍然处于滞后的状态。如今的标准与以前的标准完全不同（很有可能与以后的标准也不尽相同）。为使用户群能够正确使用，急需使用信息化的材料，例如本手册，进行部署和提供培训。本手册为我们呈现了新表达方式的全貌，却没有进行过度扩展。

不过要注意，与标准一样，工业需求也在不断发展。本手册反映了此时此刻的技术状况，并需要与教育和持续发展的标准监测（手段）齐头并进。

Serge Farges

机械工程标准化汽车架构与动力火车部专家

Nicolas Lerouge

产品几何技术规范、车身、驾驶舱与材料部专家

PSA PEUGEOT CITROËN

## 施耐德电气

技术制图标准在所有工业公司，甚至那些不仅仅生产机械产品的公司中起着至关重要的作用。在今天，许多系统在为所有零件提供支持平台时都认为软件和电子元器件比机械零件更重要。然而，对零件性能和优化的需求并没有减少——事实恰恰相反。因此，项目团队对功能设计过程的控制是前所未有的，尽管这种能力不再需要在今天的多学科团队中共享。

额外的压力来自于与当今工作环境相关的因素：项目团队成员分布在不同的国家和非母语人士使用“国际”英语使得难以实现面对面交流。因此，我们不得不确定规范以应对理解错误或猜测带来的连锁反应。

这就是标准发挥作用的地方，如果没有解决方案，标准会自然地提供一个。

对于跨国公司，ISO 标准是必选项。需要注意的是人们不能直接使用标准进行“工作”。使用的标准是受到版权保护的。然而随着这些年更深入、更广泛以及更复杂的发展，我们使用的标准不再是一个，而是几十个。这些标准达到了只有领域专家才能读懂的地步。更加成熟的标准体系对于达到规范的语义这一目标是十分有用的一这也是我们追求的一但是在另一方面却迫使相关人员需要有牢固的专业背景、持续的企业培训以及随时待命的操作指导来保证不会回到问题的根源，即不明确的语义干扰。

本手册在几方面提供了重要的贡献：它是一直不断更新的设计过程和方法的珍贵资源，因为它会加快新标准提案的步伐；作为教学资源和实践指南已经体现了不可否认的价值。

Alain van Hoecke
电机设计专家

# 词汇表

**Characteristic** 特征：基于一个或多个几何要素定义的基本核心属性。表达特征使用的是长度单位、角度单位或者无单位。

**Condition** 分布状况：极限值和二元关系算子的组合，例如：小于等于 10.1。

**Datum** 基准：拟合于基准要素的一个或多个要素的一个或多个方位要素，选择基准用于定义公差带的位置和 / 或方向或者定义理想要素（补充要求的情况，如最大实体要求）的位置和 / 或方向。

**Derived feature** 导出要素：在实际工件表面不是物理存在的几何要素。例如基于一个或多个内部要素得到中心点、中心线或中心面。

**Dimension** 尺寸：理想要素间的内部特征或者方位特征的允许公差值的极限。

**Feature** 要素：点、线、面、体，或这些要素的集合。

**Gauge** 测量：非理想要素或由综合（线性）尺寸约束空间的公差允许值的极限。

**Ideal feature** 理想要素：由参数化方程定义的要素，例如机械制图。

**Integral feature** 内部要素：工件或者模型的实际表面的几何要素。

**Metrology** 计量学：测量的科学，且测量与不确定性相关。

**Min-max** 最小一最大准则：用于最小化拟合要素与基准要素之

间的最大距离的目标准则。

**Modifier**（**specification modifier**）附加符号（规范附加符号）：GPS 规范元素，当使用时会改变基础 GPS 规范的默认定义。

**Non-ideal feature** 非理想要素：在非理想模型表面或者实际工件表面上不完美的要素。

**Objective function**（**for association**）目标准则（针对拟合操作）：描述拟合性质的方法。

**Operation** 操作：能够生成特征、其公称值以及其极限的要素或者值的具体的子工具。

**Operator** 操作算子：一系列有序的操作。

**Requirement** 要求：补充信息。

**Specification**（**GPS specification**）规范（GPS 规范）：在一个或多个特征上的一组一个或多个分布的表达。

注意 1：相关规范为方向规范、位置规范或者跳动规范。

注意 2：内部规范是形状规范。

**Tolerancing** 公差标注：使用极限偏差、尺寸极限值或者单边尺寸极限的尺寸和说明（ISO14405-2）。在更广泛的意义上，词语“公差标注”在更广泛的机械制图标准版本（追溯到 1995 年以前）中使用。从 ISO-GPS 标准发布起，“公差标注”一词被“规范”取代。

**Verification** 验证：为证明工件符合规范的测量。

**Zone** 范围：使用有界空间对非理想要素的允许公差值。

# 索引